“十三五”普通高等教育本科规划教材

高分子材料加工与成型实验

陈　厚　主编　　马松梅　蒙延峰　副主编　　曲荣君　审

（第二版）

化学工业出版社
·北京·

《高分子材料加工与成型实验》共3篇，33个实验。第一篇为高分子原料性能表征与测试，主要介绍了分子量及分子量分布测定、密度和相对密度、流变性能、结构与形貌、热性能等分析测试方法。第二篇为高分子材料加工与成型工艺，主要介绍了塑料、橡胶、纤维和复合材料的成型工艺，包括注塑、挤出、模压、发泡、吹塑、压延、缠绕、手糊等。第三篇为高分子制品性能表征与测试，主要介绍了高分子制品的力学性能、导电性能、吸附性能以及纤维细度、强度、胶黏剂性能的测定。本书在编写过程中注重实用性和可操作性，介绍每种具体性能测试时重点突出制样技术及操作过程，介绍成型方法时对实验原理和成型设备作了较详细的介绍，使学生更好地掌握加工与成型技术，提高分析和解决实际问题的能力。

本书除可作为高分子材料与工程及相关专业的教材外，也可供从事高分子材料加工与成型的工程技术人员阅读参考。

图书在版编目（CIP）数据

高分子材料加工与成型实验/陈厚主编．—2版．—北京：化学工业出版社，2018.3（2024.2重印）
“十三五”普通高等教育本科规划教材
ISBN 978-7-122-31436-9

Ⅰ.①高…　Ⅱ.①陈…　Ⅲ.①高分子材料-加工-高等学校-教材②高分子材料-成型-高等学校-教材
Ⅳ.①TB324②TQ316

中国版本图书馆CIP数据核字（2018）第013600号

责任编辑：王　婧　杨　菁　　装帧设计：张　辉
责任校对：王　静

出版发行：化学工业出版社（北京市东城区青年湖南街13号　邮政编码100011）
印　　装：北京虎彩文化传播有限公司
787mm×1092mm　1/16　印张 $7\frac{1}{2}$　字数182千字　2024年2月北京第2版第5次印刷

购书咨询：010-64518888　　售后服务：010-64518899
网　　址：http://www.cip.com.cn
凡购买本书，如有缺损质量问题，本社销售中心负责调换。

定　　价：29.00元

前　言

《高分子材料加工与成型实验》第一版于2012年出版，迄今已5年有余，广为各高校高分子材料相关专业选用。高分子材料及其制备技术发展很快，在教材使用过程中，也收到部分教师和学生的反馈，故进行再版修订。

工程教育专业认证是我国大力推进工业化进程，培养高素质、应用型人才的必然选择，更是构建与国际接轨、实质等效的高等工程教育的必由之路。工程教育专业认证通用标准中明确提出所培养的学生能够针对复杂工程问题，开发、选择与使用恰当的技术、资源、现代工程工具和信息技术工具，包括对复杂工程问题的预测与模拟，并能够理解其局限性。为使工科专业毕业生达到标准要求，学生分析问题和解决问题的工程实践能力培养越来越受重视。本教材选用的实验内容涉及高分子材料成型加工的原理、工艺、原料及制品的性能，充分体现了理论和实践的紧密结合，可培养学生综合运用专业基础理论和技术手段分析并解决高分子材料相关领域复杂工程问题的能力。

为深化高等教育改革，满足培养高素质、应用型人才的需要，同时保证本课程基本内容的系统性和完整性，本次修订全书框架未作较大改动，具体在两个方面进行了加强。

1. 准确、清晰地阐明高分子材料成型加工原理，既避免繁琐的理论，又强调理论在成型加工中的应用，以便学生在遇到复杂问题时能够做出正确的预测，找出解决办法和途径。

2. 对原教材中部分实验的小标题作了文字处理，使全书形式上更加统一；对原教材中名称、符号、定义、术语及图例中的内容进行了细致的校核和修订，并在叙述和修辞上进行了改进，使全书更加规范。

由于我们水平有限，书中可能还存在很多暂未发现的瑕疵，恳请批评指正。

编者

2018年1月

第一版前言

本书是以“高分子原料性能—加工与成型—制品性能”为主线编写的。明确高分子材料的加工性能及其影响因素，是材料成型加工的前提；在高分子材料加工与成型部分，注重塑料的成型加工，同时又兼顾了橡胶、纤维及复合材料的成型加工，对成型工艺的适应范围、成型工艺流程、成型设备结构及作用原理、成型工艺条件及其控制作了描述；通过对制品性能的测试，进一步加深读者对高分子材料制品性能与成型加工工艺条件之间关系的理解。

本书共3篇，33个实验。第一篇为高分子原料性能表征与测试，主要介绍了分子量及分子量分布、密度和相对密度、流变性能、结构与形貌、热性能等分析测试方法。第二篇为高分子材料加工与成型工艺，主要介绍了塑料、橡胶、纤维和复合材料的成型工艺，包括注塑、挤出、模压、发泡、吹塑、压延、缠绕、手糊等。第三篇为高分子制品性能表征与测试，主要介绍了高分子制品的力学性能、导电性能、吸附性能以及纤维细度、强度、胶黏剂性能的测定。本书在编写过程中注重实用性和可操作性，介绍每种具体性能测试时重点突出制样技术及操作过程，介绍成型方法时对实验原理和成型设备作了较详细的介绍，使学生更好地掌握加工与成型技术，提高分析和解决实际问题的能力。

本书第一篇高分子原料性能表征与测试，由陈厚、李桂英、牛余忠、蒙延峰、郭磊、张盈、孙昌梅和杨正龙编写；第二篇高分子材料加工与成型工艺，由马松梅、牛余忠、蒙延峰、杨正龙和张锦峰编写；第三篇高分子制品性能表征与测试，由陈厚、牛余忠、郭磊、杨正龙和崔亨利编写。全书由陈厚统稿和修改，由曲荣君主审。

本书除可作为高分子材料与工程及相关专业的教材外，也可供从事高分子材料加工与成型的工程技术人员阅读参考。

本书在编写过程中，得到了山东省高等学校教学改革研究项目（2009330）、山东省高等学校特色专业建设项目、鲁东大学应用型人才培养改革与建设项目等的资助。本书在出版过程中参考了国内外相关书刊，在此深表感谢。

《高分子材料加工与成型实验》内容涉及面广、信息量大，限于编写者的水平，疏漏和不妥之处难免，敬请读者批评指正。

编者

2012年2月

目　录

第一篇　高分子原料性能表征与测试

第二篇　高分子材料加工与成型工艺

第三篇　高分子制品性能表征与测试

第一篇　高分子原料性能表征与测试

第一单元　分子量及分子量分布测定

实验1　黏度法测聚合物的分子量

在聚合物分子量的测定方法中，黏度法因为设备简单、操作方便、测试及数据处理较快、精确度较高、测量分子量范围较宽等原因应用最为广泛。与低分子不同，聚合物溶液在极稀的情况下，仍具有较大的黏度，并且其黏度值与分子量有关，因此可利用这一特性来测定聚合物的分子量。黏度法测分子量是一种相对的方法，测量分子量范围在 $1\times10^4\sim1\times10^7$ g/mol。

一、实验目的

1. 掌握黏度法测聚合物分子量的原理。
2. 掌握黏度法测聚合物分子量的方法，学会乌氏黏度计的使用以及数据处理过程。

二、实验原理

黏度是分子运动时内摩擦力的量度，溶液浓度增加，分子间相互作用力增加，运动时阻力就增大。在黏度法测聚合物分子量中，常用的不是绝对黏度，而是高分子进入溶剂中引起的溶液黏度的变化。各种表示溶液黏度的符号及物理意义见表1-1。

表1-1　溶液黏度的符号及物理意义

名词与符号	物理意义
纯溶剂黏度 η_0	溶剂分子与溶剂分子间的内摩擦表现出来的黏度
溶液黏度 η	溶剂分子与溶剂分子之间、高分子与高分子之间和高分子与溶剂分子之间，三者内摩擦的综合表现
相对黏度 η_r	$\eta_r=\eta/\eta_0$，表示溶液黏度与纯溶剂黏度的相对值，是一个无量纲的量
增比黏度 η_{sp}	$\eta_{sp}=(\eta-\eta_0)/\eta_0=\eta/\eta_0-1=\eta_r-1$，表示溶液黏度比纯溶剂黏度增加的倍数，是一个无量纲的量
比浓黏度 η_{sp}/c	单位浓度下所显示出的黏度，单位是浓度的倒数 dL/g

溶液的黏度与溶液的浓度有关，为了消除黏度对浓度的依赖性，定义了特性黏度 $[\eta]$。它表示单位质量聚合物在溶液中所占流体力学体积的大小，其值与聚合物浓度无关，单位是浓度的倒数，定义式如下：

$$[\eta]=\lim_{c\to0}\frac{\eta_{sp}}{c}=\lim_{c\to0}\frac{\ln\eta_r}{c} \tag{1-1}$$

特性黏度［η］的大小与聚合物分子量、溶剂特性、温度等因素有关。线型或轻度交联的聚合物，随分子量增大，［η］增大；在良溶剂中，大分子链伸展，［η］较大，而在不良溶剂中，大分子较卷曲，［η］较小；在不良溶剂中，温度升高溶剂溶解性变好，［η］增大。当聚合物的化学组成、溶剂、温度确定以后，［η］值只与聚合物的分子量有关。因此如果能建立分子量与特性黏度之间的关系，就可以通过测定聚合物的特性黏度得到聚合物的分子量，这就是黏度法测分子量的理论依据。

通常用马克-豪温（Mark-Houwink）经验公式来表示聚合物特性黏度与分子量的关系：

$$[\eta]=KM^{\alpha} \tag{1-2}$$

式中，K 在一定的相对摩尔质量范围内可视为常数；α 是与分子形状有关的经验常数，称为扩张因子。线形柔性大分子链在良溶剂中，高分子线团松懈，α 较大，接近于 0.8～1.0；在 θ 溶剂中，高分子线团紧缩，$\alpha=0.5$；在不良溶剂中 $\alpha<0.5$；温度升高 α 值增大。对于一定的高分子-溶剂体系，在一定的温度下，一定的相对摩尔质量范围内，K 和 α 值为常数，可查阅聚合物手册得到。因此只要知道参数 K 和 α，即可根据所测得的［η］值计算试样的黏均相对摩尔质量 M_{η}。因为马克-豪温（Mark-Houwink）经验公式中的 K 和 α 的数值只能通过其他绝对方法，如渗透压法、光散射法等测量聚合物的分子量后确定，因此黏度法测定的分子量为相对分子质量。

在稀溶液范围内，溶液相对黏度 η_r 和增比黏度 η_{sp} 与聚合物溶液的浓度有一定关系，通常用以下两个经验公式表示：

$$\frac{\eta_{sp}}{c}=[\eta]+k[\eta]^2c \tag{1-3}$$

$$\frac{\ln\eta_r}{c}=[\eta]-\beta[\eta]^2c \tag{1-4}$$

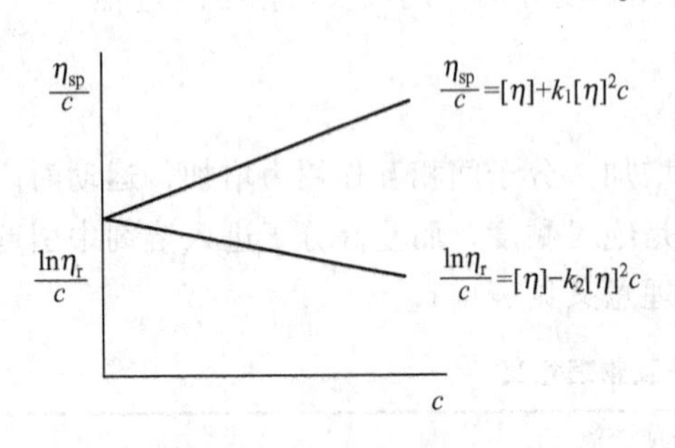

图 1-1　外推法求特性黏度［η］

式(1-3) 和式(1-4) 分别称为 Huggins 方程和 Kraemer 方程，其中 k 与 β 对于给定的高分子-溶剂体系均为常数，与分子量无关。实验中一般配制几种不同浓度的溶液，分别测定溶液及纯溶剂的黏度，然后计算出 η_{sp} 和 $\ln\eta_r$，以 η_{sp}/c 和 $\ln\eta_r/c$ 为纵坐标，以浓度 c 为横坐标作图，外推到 $c\to0$，两条直线会在纵坐标上交于一点，其共同截距即特性黏度［η］，这称为外推法求特性黏度，如图 1-1 所示。

由于黏度对温度依赖性较大，为了提高实验精度，测量时需注意使恒温槽内温度保持恒定，测量温差至少控制在±0.02℃之内。为了得到可靠的外推（$c=0$）值，应使溶液浓度足够稀，但如果浓度太稀，测得的 t 和 t_0 很接近，则 η_{sp} 的相对误差比较大。因此配制的溶液浓度应恰当，尽量使 η_r 在 1.2～2.0 之间。

为了节省时间，尽快地获得分子量数据，还发展了许多只测一个较低浓度溶液的黏度的方法，通常称为“一点法”，即只需在一个浓度下，测定一个黏度数值便可算出聚合物分子量的方法。

使用一点法，通常有两种途径：一是求出一个与分子量无关的参数 γ，然后利用 Maron 公式推算出特性黏度：

$$[\eta]=\frac{\eta_{sp}/c+\gamma\ln\eta_r/c}{1+\gamma}=\frac{\eta_{sp}+\gamma\ln\eta_r}{(1+\gamma)c}$$

因 k、β 都是与分子量无关的常数，对于给定的任一聚合物-溶剂体系，γ 也总是一个与分子量无关的常数，用稀释法求出两条直线斜率即 k 与 β 值，进而求出 γ 值。从 Maron 公式看出，若 γ 值已预先求出，则只需测定一个浓度下的溶液流出时间就可算出 $[\eta]$，从而算出该聚合物的分子量。

二是直接用程镕时公式求算：

$$[\eta]=\frac{\sqrt{2(\eta_{sp}-\ln\eta_r)}}{c}$$

在测定高聚物分子的特性黏度时，以毛细管流出法的黏度计最为方便。当液体在毛细管黏度计内因重力作用而发生流动时，假定没有湍流发生，则外加力（即高度为 h 的液体自身的重力）用以克服液体对流动的黏滞阻力。根据牛顿黏性定律得到液体在毛细管中流动时黏度的表达式：

$$\frac{\eta}{\rho}=\frac{\pi hgr^4t}{8lV}-m\frac{V}{8\pi lt} \tag{1-5}$$

该式称为动能校正后的泊肃叶（Poiseuille）公式，式中 η 为液体的黏度；ρ 为液体的密度；l 是毛细管长度；r 是毛细管半径；t 是流出时间；h 是流经毛细管液体的平均液柱高度；g 为重力加速度；V 是流经毛细管的液体体积；m 是与仪器几何形状有关的常数（一般在 $r/l\ll1$ 时，可以取 $m=1$）。

对于某一支给定的黏度计，令 $A=\frac{\pi hgr^4}{8lV}$，$B=m\frac{V}{8\pi l}$，则式(1-5) 可以写成：

$$\frac{\eta}{\rho}=At-\frac{B}{t} \tag{1-6}$$

其中，A 和 B 为黏度计的仪器常数，与液体浓度和黏度无关。η_{sp}/ρ 称为运动黏度或密度黏度。当流出时间 t 大于 100s 时，第二项（也称动能校正项）可以忽略。

通常黏度的测定是在稀溶液（$c<1\times10^{-2}\mathrm{g/cm^3}$）中进行的，溶液的密度和溶剂的密度近似相等，因此：

$$\eta_r=\frac{\eta}{\eta_0}=\frac{t}{t_0} \tag{1-7}$$

式中，t 为溶液的流出时间；t_0 为纯溶剂的流出时间。因此通过测定溶剂和溶液在毛细管中的流出时间 t_0 和 t，从式(1-7) 可求得 η_r 和 η_{sp}，再由图 1-1 可求得特性黏度 $[\eta]$。

三、仪器和试剂

1. 仪器

恒温槽装置	1 套	乌氏黏度计	1 套
有刻度 5mL、10mL 移液管	各 1 支	250mL 容量瓶	1 只
洗耳球	1 只	医用胶管及自由夹	若干

2. 试剂

壳聚糖　　　　醋酸

测定高分子稀溶液的特性黏度时，毛细管黏度计应用最为方便。常用的毛细管黏度计有两支管的奥氏黏度计和三支管的乌氏黏度计，它们都属于重力型毛细管黏度计，是依据液体

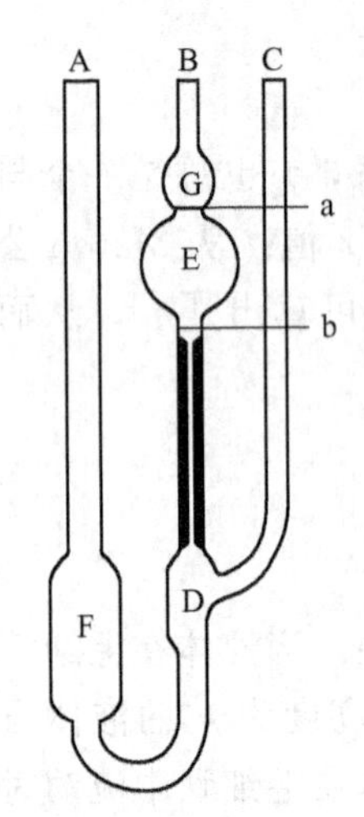

图 1-2 乌氏黏度计

在毛细管中的流出速度来测量液体的黏度。

乌氏黏度计又叫气承悬柱式黏度计，其构造如图 1-2 所示。黏度计的内部有一根内径为 r、长度为 l 的毛细管，毛细管上端有一个体积为 V 的小球，小球上下有刻线 a 和 b。测量时将液体自 A 管加入黏度计内，捏住 C 管，将 A 管内液体经 B 管吸到刻度线 a 以上。松开 C 管使其通大气，B 管内的液体在自身重力作用下沿毛细管壁自然流下，形成气承式悬液柱，避免了产生湍流的可能。由于 B 管中液体的流动压力（即高度为 h 的液体自身的重力）与 A 管中液面高度无关，因而每次测定时溶液的体积不必相同，可以在黏度计里逐渐稀释进行不同浓度的溶液黏度的测定，从而节省了许多操作手续。

四、实验步骤

1. 聚合物溶液的配制

在测定前数天，用 25mL 容量瓶配制待测聚合物溶液。为控制测定过程中 η_r 在 1.2～2.0 之间，聚合物浓度一般为 0.1～1mg/mL。

本实验聚合物为壳聚糖，浓度为 1.5×10^{-3} g/mL，溶剂为 0.1mol/L HAc-0.2mol/L NaCl 溶液。

2. 装配恒温槽及调节温度

温度的控制对实验的准确性有很大影响，要求准确到±0.05℃。水槽温度调节到（25±0.05）℃。

先用洗液将乌氏黏度计洗净，再用自来水、蒸馏水分别冲洗几次，每次都要注意反复流洗毛细管部分，洗好后烘干备用。将乌氏黏度计垂直放入恒温槽，使水面完全浸没 G 球，黏度计要放在离搅拌器和加热器较远的地方。

3. 溶剂流出时间 t_0 的测定

吸取 10mL 纯溶剂，自 A 管加入黏度计中，恒温 10min。用一只手捏住 C 管，用洗耳球从 B 管把溶剂缓慢抽至 G 球。停止抽气，将 C 管松开让其通大气，空气自 C 管进入 D 球，B 管溶剂就会慢慢下降，当溶剂弯月面降到刻度 a 时，按秒表开始计时，到刻度为 b 时，停止计时，记下溶剂流经 a、b 间的时间 t_0。取流出时间相差不超过 0.2s 的连续 3 次求平均值。测量完后将溶剂从 A 管倒出。黏度计用蒸馏水洗净，烘干。

4. 溶液流出时间 t 的测定

用移液管吸取 10mL 已知浓度 c_1 的聚合物溶液自 A 管注入，与测定溶剂的方法相同，记下流经 a、b 间的时间 t_1（三次平均）。

因溶液流出时间与 A 管内试液的体积没有关系，可以直接在黏度计内对溶液进行稀释得到一系列浓度的溶液。依次向 A 管中加入溶剂 5mL，5mL，5mL，5mL，使溶液稀释，浓度分别记为 c_2、c_3、c_4、c_5。分别测定其流出时间，记为 t_2～t_5。注意加溶剂后，必须将溶液摇动均匀，并用洗耳球抽至 G 球三次，使其浓度均匀，抽的时候一定要慢，不能有气泡抽上去，否则会使溶剂挥发，浓度改变，使测得结果不准确。

实验完毕后，黏度计首先用溶剂清洗，然后用蒸馏水洗净，烘干。

五、注意事项

（1）乌氏黏度计的三条管中，B、C 管较细，极易折断，拿黏度计时不能拿着它们，应拿A管，固定黏度计于恒温槽时，铁夹也只许夹住A管。

(2) 黏度计必须洁净（必要时可用洗液），高聚物溶液中若有絮状物不能将它移入黏度计中（可用砂芯漏斗过滤）。

(3) 本实验溶液的稀释是直接在黏度计中进行的，因此每加入一次溶剂进行稀释时必须混合均匀，并抽洗E球和G球。

(4) 实验过程中恒温槽的温度要恒定，溶液每次稀释恒温后才能测量。

六、实验数据处理

1. 将所测实验数据及计算结果记录如下：

试样名称________；试样浓度 c_0________；实验温度________；溶剂________；聚合物在该溶剂中的 K、α 值________、________；溶剂流出时间 t_0________。

c/(g/cm³)	t_1/s	t_2/s	t_3/s	$t_{平均}$/s	η_r	$\ln\eta_r$	η_{sp}	η_{sp}/c	$\ln\eta_r/c$
c_1									
c_2									
c_3									
c_4									
c_5									

2. 用 η_{sp}/c-c 及 $\ln\eta_r/c$-c 作图，外推求 $[\eta]$

以浓度 c 为横坐标，η_{sp}/c 和 $\ln\eta_r/c$ 分别为纵坐标；根据上表数据作图，外推至 $c\to0$ 求特性黏度 $[\eta]$。

3. 通过方程 $[\eta]=KM^{\alpha}$ 求聚合物的黏均分子量。

七、思考题

1. 黏度法测定高聚物的分子量有何优缺点？该法适用的高聚物摩尔质量范围是多少？
2. 乌氏黏度计中支管C有何作用？
3. 讨论黏度法测聚合物相对分子质量的影响因素？

八、参考文献

[1] 华幼卿，金日光．高分子物理．4版．北京：化学工业出版社，2013.
[2] 何曼君等．高分子物理．3版．上海：复旦大学出版社，2008.
[3] 刘建平等．高分子科学与材料工程学实验．2版．北京：化学工业出版社，2017.

实验2　渗透压法测聚合物的分子量

当溶液池和溶剂池被一层只允许溶剂分子通过而溶质分子不能通过的半透膜分开时，溶液中的溶剂将透过半透膜进入溶剂池，使溶剂一侧的液面升高，产生渗透压。利用渗透压对溶液性质的依数性可测量聚合物的数均分子量以及研究聚合物溶液中分子间相互作用情况。渗透压法测分子量具有仪器简单、操作周期短、适用范围广等优点，可用于测定分子量2万以上的聚合物，是一种测分子量的绝对方法。

一、实验目的

1. 了解高聚物溶液渗透压的原理及测量分子量的理论依据。
2. 掌握动态渗透压法测定聚合物数均分子量的实验方法及数据处理过程。

二、实验原理

当高分子溶液与纯溶剂被一层只允许溶剂分子透过而不允许溶质分子透过的半透膜隔开时，由于膜两边的化学位不等，纯溶剂将透过半透膜向高分子溶液一侧渗透，从而导致溶液池的液面升高，当达到渗透平衡时溶液池与溶剂池的液柱高差为渗透压 π。渗透压 π 的大小与溶质浓度及分子量有关，通过测定不同浓度下溶液的渗透压，即可计算聚合物的分子量。

渗透压的产生是由于溶液中溶质的存在导致溶剂的化学位和蒸气压降低。设纯溶剂的化学位和蒸气压分别为 μ_1^0 和 p_1^0，溶液中溶剂的化学位和蒸气压分别为 μ_1 和 p_1。当达到渗透平衡时，纯溶剂的化学位与溶液中溶剂的化学位相等，即纯溶剂的蒸气压要与溶液中溶剂的蒸气压加上液柱的高度相等，即：

$$\begin{aligned}\mu_1^0(T,p)&=\mu_1(T,p+\pi)\\&=\mu_1(T,p)+\left(\frac{\partial\mu_1}{\partial p}\right)_T\cdot\pi\\&=\mu_1(T,p)+\overline{V}_1\pi\end{aligned}\tag{2-1}$$

式中，$\overline{V}_1$ 为溶剂的偏摩尔体积。

根据 Flory-Huggins 晶格模型理论：

$$\Delta\mu_1=RT\left[\ln\varphi_1+\left(1-\frac{1}{x}\right)\varphi_2+\chi_1\varphi_2^2\right]\tag{2-2}$$

代入式(2-2) 并整理后得到高分子溶液的渗透压公式：

$$\frac{\pi}{c}=RT\left(\frac{1}{M}+A_2c+A_3c^2+\cdots\right)\tag{2-3}$$

其中，A_2 和 A_3 表示与理想溶液的偏差，$A_2=\left(\frac{1}{2}-\chi_1\right)/\widetilde{V}_1\rho_2^2$，称为第二维利系数；$A_3=\frac{1}{3}\left(\frac{1}{\widetilde{V}_1\rho_2^3}\right)$，称为第三维利系数。

式中，V_1 为溶剂的摩尔体积，对高分子稀溶液 $V\approx V_1$；ρ_2 为高分子密度。

当溶液浓度很低时，c^2 项可忽略，式(2-3) 简化为：

$$\frac{\pi}{c}=RT\left[\frac{1}{\overline{M}_n}+A_2c\right]\tag{2-4}$$

由于高分子溶液的热力学性质与理想溶液有很大偏差，π/c 除了与分子量有关外，还与溶液浓度有关，只有在无限稀释的情况下才符合理想溶液的性质。因此，实验中一般以 π/c-c 作图得一直线，外推到 $c=0$ 时，由截距可求出$\overline{M}_n$，由曲线斜率可求出 A_2。

通过渗透压的测定，还可以求出高分子溶液的 Huggins 参数 χ_1 和 θ 温度。Huggins 参数 χ_1 的测定是利用 π/c-c 作图，外推到 $c=0$，由斜率求出 A_2，再利用 A_2 与 χ_1 的关系式求出 χ_1。θ 温度的测定通常是在一系列不同温度下测定某聚合物-溶剂体系的渗透压，求出第二维利系数 A_2。以 A_2 对温度作图，得一直线，此直线与 $A_2=0$ 的交点所对应的温度即 θ 温度。

当溶液浓度较高时，式(2-3) 中 A_3c^2 项不能忽略，π/c 与 c 失去线性关系，以 π/c-c 作图时曲线有明显的弯曲，此时可用根号表达式来求$\overline{M}_n$。以 $(\pi/c)^{1/2}$-c 作图，得一直线，外推到 $c=0$ 时，由斜率可求出 A_2，截距为$\sqrt{RT/\overline{M}_n}$，可求出$\overline{M}_n$。

$$\sqrt{\frac{\pi}{c}}=\sqrt{\frac{RT}{\overline{M}_n}}+\sqrt{RTM}A_2c \tag{2-5}$$

渗透压法测得的分子量是数均分子量，而且是绝对分子量。这是因为溶液的渗透压是各种不同分子量的大分子共同贡献的。其测量的分子量上限取决于渗透压计的测量精度，下限取决于半透膜的大孔尺寸。因此，用渗透压法测分子量时半透膜的选择非常重要。半透膜应该使待测聚合物分子不能透过，因此孔径不能太大，且与该聚合物和溶剂不起反应，不被溶解。另外，半透膜对溶剂的透过速率要足够大，以便能在一个尽量短的时间内达到渗透平衡。常用的半透膜材料有硝化纤维素、聚乙烯醇、聚三氟氯乙烯等。

渗透压的测量，有静态法和动态法两类。静态法也称渗透平衡法，是让渗透计在恒温下静置，用测高计测量渗透池的测量毛细管和参比毛细管两液柱高差，直至数值不变，但达到渗透平衡需要较长时间，一般需要几天。动态法有速率终点法和升降中点法。当溶液池毛细管液面低于或高于其渗透平衡点时，液面会以较快速率向平衡点方向移动，到达平衡点时流速为零，测量毛细管液面在不同高度 h_i 处的渗透速率 $\mathrm{d}H/\mathrm{d}t$，作图外推到 $\mathrm{d}H/\mathrm{d}t=0$，得截距 H'_{0i}，减去纯溶剂的外推截距 H_0，差值 $H_{0i}=H'_{0i}-H_0$ 与溶液密度的乘积即渗透压。升降法是调节渗透计的起始液柱高差，定时观察和记录液柱高差随时间的变化，作高差对时间的对数图，估计此曲线的渐近线，再在渐近线的另一侧以等距的液柱重复进行上述测定，然后取此两曲线纵坐标和的半数画图，得一直线再把直线外推到时间为零，即平衡高差。动态法的优点是快速、可靠，测得的分子量更接近于真实分子量。本实验采用动态法测量渗透压。

三、仪器和试剂

1. 仪器

改良型 Bruss 膜渗透计	1套	精度 1/50mm 的测高仪	1只
恒温槽装置	1套	精度 1/10s 的停表	1套
移液管	1支	25mL 容量瓶	5只
长针头	1只		

2. 试剂

聚甲基丙烯酸甲酯　　　　丙酮

测定溶液渗透压的仪器很多，目前使用较多的是 Bruss 快速膜渗透压计，其结构如图 2-1所示。这种渗透计采用了高灵敏度的检测手段，在较短时间内达到渗透平衡，可以大大缩短检测时间。

四、实验步骤

1. 测量纯溶剂的动态平衡点

(1) 校正仪器　新装置好的渗透计、半透膜往往有不对称性。测量过溶液的渗透计，则由于高分子在半透膜上的吸附和溶质中低分子量部分的透过，也有这种不对称性。在测定前需用溶剂洗涤多次，并浸泡较长时间，消除膜的不对称性及溶剂差异对渗透压的影响。用特

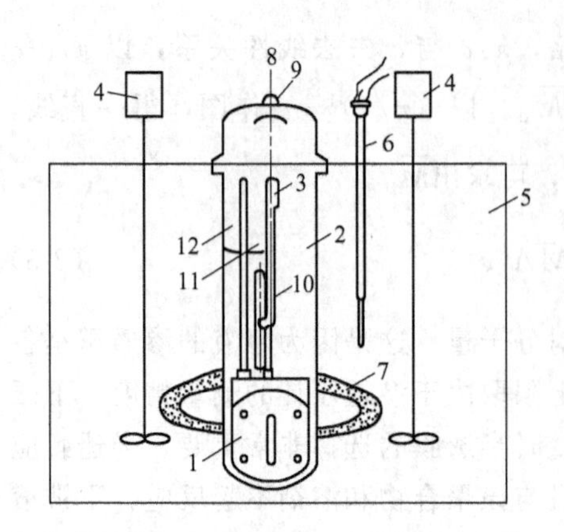

图 2-1 改良型 Bruss 膜渗透计装置

1—渗透池；2—溶剂瓶；3—拉杆密封螺丝；4—搅拌器；5—恒温槽；6—接点温度计；7—加热器；8—拉杆；9—溶剂瓶盖；10—进样毛细管；11—参比毛细管；12—测量毛细管

制长针头注射器缓缓插入进样毛细管直至池底，抽干池内溶剂，然后取 2.5mL 待测溶剂，再洗涤一次渗透池并抽干。注入溶剂，将不锈钢拉杆插入注液毛细管，让拉杆顶端与液面接触，不留气泡，旋紧下端螺丝帽，密封注液管。

(2) 测量液面上升的速率　通过拉杆调节，使测量毛细管液面位于参比毛细管液面下一定位置，旋紧上端，记录液面高度 h_i(cm)，读数精确到 0.002cm。用秒表测定该液面高度上升 1mm 所需时间 t_i。旋松上端螺丝再用拉杆调节测量毛细管液面（若速率很快，可以让其自行上升），使之升高约 0.5cm 再作重复测定。如此，使液面从下往上测量 5～6 个实验点，并测参比毛细管液面高 h_0，计算液柱高差 $\overline{h_i}=h_i-h_0$(cm)，和上升瞬间速率 $\mathrm{d}H/\mathrm{d}t$，即 $1/t$(mm/s)，记录数据。由 h_i 对 $\mathrm{d}H/\mathrm{d}t$ 作图即得“上升线”。

(3) 测量液面下降的速率　将测量毛细管液面上升到参比毛细管液面以上一定位置，记录液面高度 h_i 及液面下降 1mm 所需时间 t_i，液面从上往下也测量 5～6 个实验点并测参比毛细管液面高度 h_0，与(2) 同样计算、列表、作图。由 h_i 对 $\mathrm{d}H/\mathrm{d}t$ 作图得“下降线”。

2. 测量溶液的动态平衡点

(1) 制备试样溶液　准确配置浓度为 1.5×10^{-2}g/mL 的聚合物溶液，用 2# 砂芯漏斗过滤，再用移液管将溶液稀释 4～5 个浓度。

(2) 换液　旋松下端螺丝，抽出拉杆，如同溶剂中一样的操作，用长针头注射器吸干池内液体，取 2.5mL 待测溶液洗涤、抽干、注液、插入拉杆。换液顺序由稀到浓，先测最稀的，测定 5 个浓度的溶液。

(3) 各个浓度的“上升线”和“下降线”的测量　此步骤的测量方法同溶剂的测量方法。调节测量毛细管的起始液面高度时，不宜过高或过低。测量前根据配制的浓度和大概的分子量预先估计渗透平衡点的高度位置，起始液面高度选择在距渗透平衡点（估计值）3～6mm 处，即以大致相同的推动压下开始测定。也只有在合适的起始高度下，每次测定所需的时间（从注液至测定完的时间间隔）相同，实验点的线性和重复性才会好。将每一浓度下的“上升线”和“下降线”记录列表，并作图。实验完毕后用纯溶剂洗涤渗透池 3 次。

五、实验数据处理

1. 将所测实验数据及计算结果记录如下：

样品__________；实验温度 $T=$__________(K)；溶剂__________

实验温度下的溶剂密度 $\rho_0=$__________(g/cm³)。

由测量毛细管的液面高度、参比毛细管液面高度按表计算得到 h_i，$\mathrm{d}H/\mathrm{d}t$ 的数据，以 h_i 为纵坐标、$\mathrm{d}H/\mathrm{d}t$ 为横坐标作图并外推到 $\mathrm{d}H/\mathrm{d}t=0$，即得渗透平衡的柱高差 H_{0i}，则此溶液的渗透压为 $\pi_i=H_{0i}\rho_0$。

项目	h_0	h_1	h_2	h_3	h_4
t_i					
$\overline{h}_i$/cm					
H_i/cm					
$\mathrm{d}H/\mathrm{d}t$/(mm/s)					
π_i					

2. 以π/c对c作图［或$(\pi/c)^{1/2}$对c作图］，由直线外推值$(\pi/c)_{c\to 0}$［或$(\pi/c)^{1/2}{}_{c\to 0}$］，根据下式计算数均分子量。

$$\overline{M}_\mathrm{n}=\frac{8.484\times 10^4 T}{(\pi/c)_{c\to 0}}$$

3. 由直线斜率求A_2，并计算高分子-溶剂相互作用参数χ_1。

六、思考题

1. 体系中第二维利系数A_2的物理意义是什么？
2. 影响分子量测量值偏大或偏小的因素有哪些？

七、参考文献

［1］ 陈厚等．高分子材料分析测试与研究方法．2版．北京：化学工业出版社，2018.
［2］ 冯开才等．高分子物理实验．北京：化学工业出版社，2004.
［3］ 何曼君等．高分子物理．3版．上海：复旦大学出版社，2008.

实验3　光散射法测定聚合物的重均分子量

光散射技术是利用聚合物稀溶液对光的散射性质测量聚合物重均分子量的绝对方法，测量范围可达$5\times 10^3\sim 10^7$g/mol。由于激光散射仪光源强、单色性好、测量准确度高、所需时间短等优点在高分子研究中占有重要地位。随着光散射技术的发展，光散射法除了测定高聚物的重均分子量M_w以外，还可以了解高分子、高分子电解质、凝胶粒子等在溶液中的各种形态、分子间作用，得到高分子在溶液中的均方半径S^2、第二维利系数A_2以及扩散系数D_0和流体力学直径R_h等信息，为研究高分子在溶液中的形态的提供了一个有力工具。

一、实验目的

1. 了解光散射法测定聚合物重均分子量的原理及实验技术。
2. 掌握Zimm作图双外推法处理实验数据，并计算试样的重均分子量$\overline{M}_\mathrm{w}$、均方末端距$\overline{h^2}$及第二维利系数A_2。

二、实验原理

当一束光通过介质（气体、液体或溶液）时，在入射光方向以外的各个方向也能观察到光强的现象称为光散射现象。对于溶液来说，散射光的强度及其对散射角和溶液浓度的依赖性除与入射光波长、观察点与散射中心的距离有关外，还与溶质的分子量、分子尺寸以及分子形态有关。分子量大的分子，散射质点多，对溶液散射光强贡献大；而分子量小的分子，其散射质点就少，从而对散射光强贡献就小。因此测量一定浓度的高分子溶液在各个方向上的散射光强可计算聚合物的分子量，研究聚合物在溶液中的各种形态。

根据光学原理，光的强度与光的频率的平方成正比，而频率是可以叠加的。因此，研究散射光的强度，必须考虑散射光是否干涉。若从溶液中某一分子所发出的散射光与从另一分子所发出的散射光相互干涉，称为外干涉。若从分子中的某一部分发出的散射光与从同一分子的另一部分发出的散射光相互干涉，称为内干涉。采用稀溶液可以避免外干涉。

根据光散射的升落理论，光散射现象是由于分子热运动所造成的介质折光指数或介电常数的局部升落所引起的。对于小粒子溶液，当入射光垂直偏振光，散射角为 θ、距离散射中心 r 处每单位体积溶液中溶质的散射光强 $I(r,\theta)$ 为：

$$I(r,\theta)=\frac{4\pi^2}{N_A\lambda^4r^2}n^2\left(\frac{dn}{dc}\right)^2\frac{c}{\frac{1}{M}+2A_2c}I_0 \tag{3-1}$$

式中，λ 为入射光在真空中的波长；I_0 为入射光强；n 为溶液的折光指数，溶液浓度很稀时近似等于溶剂的折光指数；dn/dc 为溶液的折光指数增量；c 为溶液的浓度；M 为溶质的分子量；A_2 是第二维利系数。

引进参数瑞利因子 R_θ（单位散射体积所产生的散射光强 I 与入射光强 I_0 之比乘以观测距离的平方为瑞利因子 R_θ，也称为瑞利比），当观测距离、入射光强度以及散射体积确定后，瑞利比就是散射光强的度量：

$$R_\theta=r^2\frac{I(r,\theta)}{I_0}=\frac{4\pi^2}{N_A\lambda^4}n^2\left(\frac{dn}{dc}\right)^2\frac{c}{\frac{1}{M}+2A_2c} \tag{3-2}$$

当高分子-溶剂体系、温度、入射光波长固定时，$\frac{4\pi^2}{N_A\lambda^4}n^2\left(\frac{dn}{dc}\right)^2=K$，称为光学常数。$K$ 是一个与溶液浓度、散射角以及溶质分子量无关的常数。其中，n、dn/dc 和 N_A 分别为溶剂的折光指数、溶液的折光指数增量和 Avogadro 常数；M_w 为重均分子量。则式(3-2) 变为：

$$R_\theta=\frac{Kc}{\frac{1}{M}+2A_2c} \tag{3-3}$$

此式即小粒子溶液光散射法测分子量的基本公式，该式表明小粒子的散射光强与散射角无关。

若入射光是非偏振光（自然光），则散射光强将随散射角而变化，用下式表示：

$$R_\theta=\frac{Kc(1+\cos^2\theta)}{1/M+2A_2c} \tag{3-4}$$

当散射角等于 90°时，散射光受杂散光的干扰最小。实验上通常配制一系列不同浓度的溶液，测定其在 90°的瑞利比 R_{90}，以 $Kc/2R_{90}$ 对 c 作图，得一直线，截距为 $1/M$，斜率为 $2A_2$。

对于大多数高分子体系（分子量为 $10^5\sim10^7$ g/mol），在良溶剂中的尺寸约在 20～300nm，即大于 $\lambda/20$。每个大粒子不同部分发出的散射光会相互干涉，使散射光强度减小。引入散射因子 P_θ 表示散射角 θ 处散射光强度因干涉而减弱的程度。P_θ＝大分子的散射强度/无干涉时的散射强度。P_θ 的值与大分子形状、大小及光波波长有关。当 $\theta=0$ 时，$P_\theta=1$。

将散射因子 P_θ 代入小粒子溶液散射公式，并修正后得到大粒子溶液光散射的基本公式：

$$\frac{1+\cos^2\theta}{2\sin\theta}\cdot\frac{Kc}{R_\theta}=\frac{1}{M}\left[1+\frac{8\pi^2}{9(\lambda')^2}\overline{h^2}\sin\frac{\theta}{2}\right]+2A_2c \tag{3-5}$$

式中，$\overline{h^2}$为均方末端距；λ'为入射光在溶液中的波长，其他符号的含义同前。

对于多分散体系，在极限情况下（即 $\theta\rightarrow0$ 及 $c\rightarrow0$），式(3-5) 可写成：

$$\left(\frac{1+\cos^2\theta}{2\sin\theta}\cdot\frac{Kc}{R_\theta}\right)_{\theta\rightarrow0}=\frac{1}{\overline{M}_w}+2A_2c \tag{3-6}$$

$$\left(\frac{1+\cos^2\theta}{2\sin\theta}\cdot\frac{Kc}{R_\theta}\right)_{c\rightarrow0}=\frac{1}{\overline{M}_w}\left[1+\frac{8\pi^2}{9\lambda^2}(\overline{h^2})_Z\sin^2\frac{\theta}{2}\right] \tag{3-7}$$

实验中通常采用 Zimm 双重外推作图法，如图 3-1 所示，首先测定不同浓度和不同角度下的瑞利比，以$\frac{1+\cos^2\theta}{2\sin\theta}\cdot\frac{Kc}{R_\theta}$对 $\sin^2\frac{\theta}{2}+qc$ 作图，外推至 $c\rightarrow0$，$\theta\rightarrow0$，可以得到两条直线，这两条直线具有相同的截距 $1/\overline{M}_w$。从 $\theta\rightarrow0$ 的外推线，斜率为 $2A_2$，得到第二维利系数 A_2；$c\rightarrow0$ 的外推线的斜率为$\frac{8\pi^2}{9\lambda^2\overline{M}_w}(\overline{h^2})_Z$，可求得高聚物的均方末端距$\overline{h^2}$。

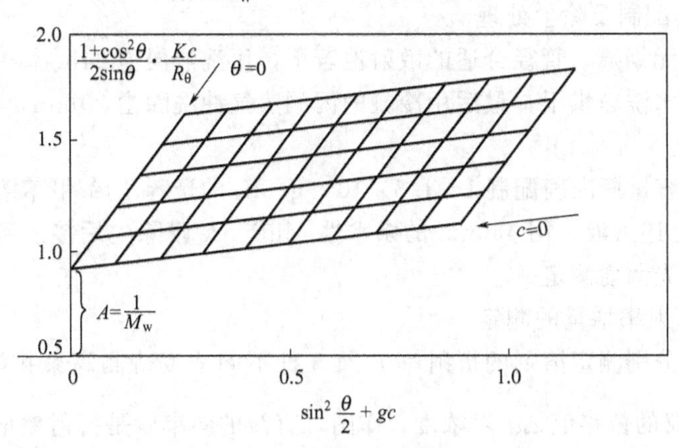

图 3-1　Zimm 双重外推作图法示意图

三、仪器和试剂

1. 仪器

BI-200SM 广角激光光散射系统，配 BI-9000AT 光子相关器

激光波长 514nm	1套
Wyatt Optilab DSP 型折光指数增量测定仪	1套
移液管	5支
压滤器	若干
烧结砂芯漏斗	若干
25mL 容量瓶	若干

2. 试剂

聚苯乙烯	甲苯

由于散射光强极弱，溶液光散射行为的测定必须使用极灵敏的光度计。图 3-2 为广角激光散射仪的光度计示意图，该光度计由光源、聚焦光路、测量光路和信号处理系统四部分组成。目前激光散射仪一般采用 He-Ne 激光发生器作为散射光源，该种仪器发出的

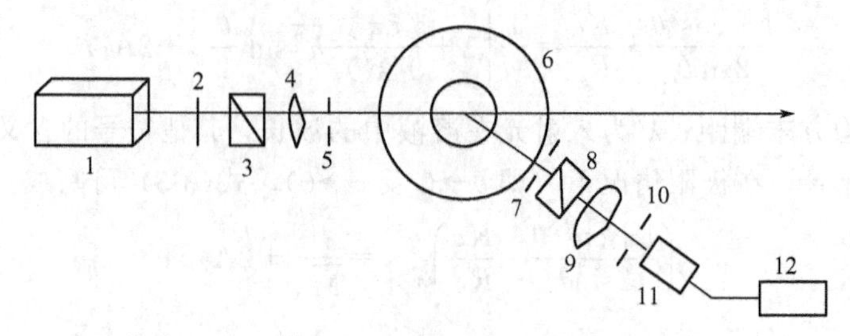

图 3-2 广角激光散射光度计结构示意简图

1—激光器；2,7,10—光阑；3—起偏器；4,9—透镜；5—散射池；6,8—检偏镜；11—光电倍增管；12—放大系统

光源强、单色性和准直性好、光束可汇聚得很细，只需使用很少的散射体积，减少了溶液用量。

四、实验步骤

1. 待测溶液的配制及除尘处理

(1) 选择池壁无划痕，管径合适的散射池若干，用洗液浸泡24h后，依次用超声波清洗机清洗，再用蒸馏水洗净烘干，最后用冷凝的丙酮蒸气冲洗除尘20min，用烘箱烘干，用铝箔封好瓶口，备用。

(2) 用25mL容量瓶准确配制1～1.5×10^{-3}g/mL的聚苯乙烯-甲苯溶液，浓度记为c_0。

(3) 取1mL上述溶液，用450nm的亲水性Millipore膜除尘后接入到干净的散射池中，在设定温度下进行光散射测定。

2. 折射率和折射率增量的测定

用示差折光仪分别测定溶剂的折射率n及5种不同浓度待测高聚物溶液的折射率增量$\frac{\partial n}{\partial c}$。由示差折光仪的位移值$\Delta d$对浓度$c$作图，直线的斜率就是折射率增量$dn/dc$值。

当溶质、溶剂、入射光波长和温度选定后，K是一个与溶液浓度、散射角以及溶质分子量无关的常数，可由公式$K=\frac{4\pi^2}{\tilde{N}\lambda_0^4}n^2\left(\frac{\partial n}{\partial c}\right)^2$预先计算。入射光波长$\lambda_0=514$nm，在溶液很稀时，溶液的折射率$n$可以用溶剂的折射率代替，$n_{甲苯}^{25}=1.4979$。

3. 参比标准溶剂及溶液散射光强的测量

光散射法测分子量的实验主要是测定瑞利比$R_\theta=r^2\frac{I(r,\theta)}{I_i}$，式中$I(r,\theta)$是距离散射中心$r$（夹角为$\theta$）处所观察到的单位体积内散射介质所产生的散射光，$I_i$是入射光强。通常溶液在90°下的瑞利比$R_{90°}$值极小，约为$10^{-5}$的数量级，作绝对测定非常困难。因此，常用间接法测量，即选用一个参比标准，它的光散射性质稳定，其瑞利比$R_{90°}$已精确测定，如苯、甲苯等。本实验采用甲苯作参比标准物，对波长为514nm的非偏振光，$R(90)_{甲苯}=3.2\times10^{-5}\mathrm{cm}^{-1}$。当$r$和$I_0$确定后，$R(\theta)$和$I(\theta)$成正比：$R(\theta)_{样}=R(90)_{甲苯}\frac{I_{样}}{I_{甲苯}}$。这样，只要在相同条件下测得溶液散射光强度$I(\theta)$和90°时甲苯的散射强度$I(90)_{甲苯}$，即可计算出溶液的$R(\theta)$值。

(1) 测定绝对标准液（甲苯）在$\theta=90°$时散射光强。

（2）用移液管吸取 10mL 溶剂甲苯放入散射池中，记录在 θ 角为 0°，30°，45°，60°，75°，90°，105°，120°，135°等不同角度时的散射光强。

（3）在上述散射池中加入 2mL 浓度为 c_1、c_2、c_3、c_4、c_5 的聚苯乙烯-甲苯溶液，待温度平衡后依上述方法测量 30°～135°各个角度的散射光强。测量完毕，关闭仪器，清洗散射池。

五、注意事项

大气中的灰尘随时会玷污散射池、溶剂及溶液，严重干扰聚合物溶液光散射测试的结果。因此测试中所用的玻璃器皿和砂芯漏斗、注射器、散射池等都要经过严格的除尘处理。

（1）散射池的清洗：无论用过或未用过的散射池，一般都要先用硫酸铬洗液浸泡，然后用超声波清洗机清洗，清水和蒸馏水洗净烘干，最后在索氏萃取器中用丙酮蒸气冲洗净化。洗净的散射池烘干后，用铝箔封好倒置在干燥、清洁的瓷盆中待用。使用时倒转散射池，立即用盖子拧紧，以免空气灰尘玷污散射池。

（2）溶剂及溶液除尘：对于多数有机溶剂，可用多次重复蒸馏提纯。溶液净化主要有两种方法：高速离心沉降法和压滤法。视溶液黏度不同，采用高速离心机，离心几十分钟到几小时，用移液管吸出上层溶液即可。压滤法较为简便，用 0.2μm 或 0.45μm 的超滤膜过滤，过滤的次序是先稀溶液后浓溶液。检查溶液除尘效果好坏的方法是将处理后的样品置于激光束中，若有灰尘等异物则会观察到明显的亮点，应处理至尽量不见亮点为止。

六、数据处理

1. 记录实验过程中测得的溶剂及溶液的散射光强等数据。

2. 按照公式计算瑞利比 R_θ。

3. 作 Zimm 双重外推图：将各 θ 角的数据画成的直线外推值 $c=0$，各浓度所测数据连成的直线外推至 $\theta=0$，则可得到以下各式：

$$[Y]_{\theta=0}^{c=0}=\frac{1}{\overline{M}_w}\text{，由截距求出 }\overline{M}_w\text{。}$$

$$[Y]_{\theta=0}=\frac{1}{\overline{M}_w}+2A_2c\text{，由斜率可求 }A_2\text{ 值。}$$

$$[Y]_{c=0}=\frac{1}{\overline{M}_w}+\frac{8\pi^2}{9\overline{M}_w}\frac{\overline{h^2}}{\lambda^2}\sin^2\frac{\theta}{2}+\cdots\text{，斜率是}\frac{8\pi^2\overline{h^2}}{9\overline{M}_w\lambda^2}\text{，可求}\overline{h^2}\text{值。}$$

七、思考题

1. 光散射测定中为什么特别强调除尘净化？

2. 讨论光散射法测量分子量的影响因素及注意事项。

八、参考文献

［1］ 虞志光编．高聚物分子量及其分布的测定．上海：上海科学技术出版社，1984.

［2］ 复旦大学化学系高分子教研组编．高分子实验技术．上海：上海复旦大学出版社，1996.

实验 4　凝胶渗透色谱法测定聚丙烯腈的分子量及分子量分布

高聚物的分子量及其分子量分布是高聚物最基本的参数之一。高聚物的许多性质如冲击强度、模量、拉伸强度、耐热性、耐腐蚀性都与高聚物的分子量和分子量分布有关。高聚物分子量的测定方法很多，除化学法（端基分析法），还有热力学法、动力学法、光学法、凝胶渗透色谱法等。

凝胶渗透色谱法（gel permeation chromatography，GPC）是利用高分子溶液通过填充有特种凝胶的柱子把聚合物分子按尺寸大小进行分离的方法。凝胶渗透色谱是液相色谱，不仅能用于测定聚合物的分子量及分子量分布和聚合物内小分子物质、聚合物支化度及共聚物组成等，还可以实现聚合物的分离和分级。凝胶渗透色谱的出现填补了色谱技术在高分子领域应用的空白，是整个色谱分离技术的重要发展和补充，至今已成为一种必不可少的分析手段。

本实验主要利用凝胶渗透色谱仪测定聚丙烯腈的分子量及其分子量分布。

一、实验目的

1. 了解凝胶渗透色谱法的基本原理。
2. 掌握 GPC 法测定聚合物的分子量及分子量分布的实验技术。
3. 初步掌握 Waters 1515-2414 型凝胶渗透色谱的进样、数据处理等基本操作。

二、实验原理

GPC 的工作原理有各种说法，比较流行的是体积排除理论，因此 GPC 技术又被赋予另一个名字——体积排除色谱（size exclusion chromatography，SEC）。

GPC 法分离聚合物与沉淀分级法或溶解分解法不同。聚合物分子在溶液中依据其分子链的柔性及聚合物分子与溶剂的相互作用，可取无规线团、棒状或球体等各种构象，其尺寸大小与其分子量大小有关。GPC 法是利用不同尺寸的聚合物分子在多孔填料中孔内外分布不同而进行分离分级，而沉淀分级法或溶解分级法是依据溶解度与聚合物的分子量相关性分级。

在 GPC 分离的核心部件色谱柱内装有多孔性填料（称为凝胶或多孔微球），其孔径大小有一定的分布，并与待分离的聚合物分子尺寸相比拟。当被分析的样品随着淋洗溶剂（流动相）进入色谱柱后，体积很大的分子不能渗透到凝胶空穴中而受到排阻，最先流出色谱柱；中等体积的分子可以渗透凝胶的一些大孔，而不能进入小孔，产生部分渗透作用，比体积大的分子流出色谱柱的时间稍后；较小的分子能全部渗入凝胶内部的孔穴中，而最后流出色谱柱。因此，聚合物淋出体积与其分子量有关，分子量越大，淋出体积越小。

色谱柱的总体积 V_t 包括三部分：

$$V_t = V_g + V_0 + V_i$$

式中，V_g 为填料的骨架体积；V_0 为填料微粒紧密堆积后的粒间空隙；V_i 为填料孔洞的体积；$V_0 + V_i$ 是聚合物分子可利用的空间。由于聚合物分子在填料孔内、外分布不同，故实际可利用的空间为

$$V = V_0 + KV_i$$

式中，K 为分布系数，其数值 $0 \leqslant K \leqslant 1$，与聚合物分子尺寸大小和在填料孔内、外的浓度比有关。当聚合物分子完全排除时，$K=0$，在完全渗透时，$K=1$。尺寸大小（分子量）不同的分子有不同的 K 值，因此有不同的淋出体积 V_e。当 $K=0$ 时，$V_e = V_0$，此处所对应的聚合物分子量，是该色谱柱的渗透极限，聚合物分子量超过渗透极限值时，只能在

V_0 以前被淋洗出来，没有分离效果。实验表明，聚合物分子尺寸（常以等效球体半径表示）与分子量有关，淋出体积与分子量可以表示为

$$V_e = f(\lg M)$$

通常用一个线性方程表示色谱柱可分离的线性部分，直线方程为

$$\lg M = A + BV_e$$

式中，A、B 为特性常数，与聚合物、溶剂、温度、填料及仪器有关。

使用一组单分散性分子量不同的试样作为标准样品，分别测定它们的淋出体积 V_e 和分子量，用 $\lg M$ 对 V_e 直线作图，可求得特性常数 A 和 B。这一直线就是 GPC 的校正曲线。待测聚合物被淋洗通过 GPC 柱时，根据其淋出体积，就可从校正曲线上算得相应的分子量。

三、仪器和试剂

1. 仪器

容量瓶（10mL）	6 个	移液管	1 个
凝胶渗透色谱仪	1 台	烧杯	2 个
电子天平	1 台	超声波清洗器	1 台

2. 试剂

N,*N*-二甲基甲酰胺	色谱纯	聚甲基丙烯酸甲酯	窄分布标样
聚丙烯腈	宽分布样品		

四、实验步骤

美国产 Water Breeze 凝胶渗透色谱仪是一部集成化、自动化和快速化测定分子量及其分布的先进仪器，仪器的主要部件及其作用为：①1515HPLC 泵，溶剂传输系统，可以恒比例洗脱；②手动进样器；③Styragel 色谱柱（HR4 型号），可分离不同分子量的聚合物样品；④柱温箱，保持柱温恒定；⑤2414 示差检测器，用于连续监测参比池中溶液的折射率之差，得出样品浓度；⑥计算机，控制各种参数（如柱温、流量等），记录和分析实验数据结果。

整个实验包括实验准备工作、建立样品组及运行、实验数据处理 3 部分，主要采用计算机操作。

1. 准备工作

（1）溶剂准备：所用溶剂通常需经过抽滤除去杂质，使用前，还需经过脱气排除溶解在溶剂中的氧气和氮气。所用溶剂的量通常为每个样品 15mL 左右。脱气后的溶剂倒入溶剂瓶中。

（2）样品准备：将标准聚甲基丙烯酸甲酯样品和未知聚丙烯腈试样完全溶解在 *N*,*N*-二甲基甲酰胺中，通常为每 10mg 样品溶解在 1mL 溶剂中。然后使用微孔过滤膜过滤溶液，将滤液注入样品管中，并在样品管上贴上标签，注明样品的编号。

2. 操作步骤

（1）开机：打开计算机，开启仪器各部件的电源开关，待各部件自检完毕后（5min），计算机上将出现操作界面。

（2）洗泵

① 将排气阀打到右侧，打开排液阀，用注射器抽取 10mL 流动相（约为两注射器）。

② 关闭排液阀。

③ 调流速为 5mL/min，洗约 5min，调流速为 0，调压强为 500Pa。

(3) 洗样品池和参比池

① 将排气阀打到左侧，调流速为 0.1mL/min，待检测器升温到 35℃。

② 调流速为 1mL/min。

③ 按 shift+1，洗参比池和样品池 1h，洗完再按 shift+1。

(4) 平衡 单击采集栏上的 Equilibrate，采集栏上的 status information 部分将出现系统平衡的状态，待稳定后（平衡至最大峰和最小峰的 MV<0.2），单击 Abort Run 退出基线监视器。

(5) 创建方法（GPC35）

(6) 进样

① 单击采集栏上的 press to make a single injection。

② 设置参数：

Name：	编号
Function：	Inject narrow standards（Inject broad sample）
Method：	GPC35
Injection volume：	50μL
Run time：	30min

③ 进样：先进标样，再进待测样品。

(7) 洗泵

① 调流速为 0，若溶剂不够，换一瓶新的溶剂。

② 将排气阀打到右侧，调流速为 5mL/min，洗约 5min，调流速为 0。

(8) 洗样品池和参比池

① 将排气阀打到左侧，调流速为 1mL/min，洗样品池 1h。

② 按 shift+1，洗参比池和样品池 30h，洗完再按 shift+1，调流速为 0。

(9) 关机

五、实验结果与处理

1. 建立处理方法

在主菜单界面上单击命令栏中的“Find Data”，将出现查找数据的界面。单击“Processing Parameters Wizard”，出现一个对话框，单击“Start New Processing Parameters”后按“OK”。使用鼠标左键，放大所关注的色谱峰，选择合适的积分参数，在以后出现的对话框分别选择“Relative”和“4th Order”，在“Method Name”中输入所建方法的文件名（如 GPC35，下文将用 GPC35 文件名为例），然后单击“Finish”，并从“File”菜单中选择“Save all”存储该方法。

2. 建立校正曲线

单击命令栏上的“Find Data”，在“Sample Set”下选中要处理的标准样品所在的样品组，双击。选择所需处理的所有标准样品数据，单击 （Process Data），出现图示的画面，然后进行如下的操作。

在“Use specified method”对话框内选择刚建立的处理方法名（GPC35），按“OK”，则建立了一条校正曲线。在“Result”下按“Update”，则出现刚处理的标准样品名，双击。则出现该标样的色谱图，单击 (Integrate)，出现该标样的保留时间，单击 (Calibrate)，出现该标样的分子量信息。如对自动积分的结果不满意，可以单击 (Processing Parameters Wizard)，选择“keep the calibration curve”，进行调整。单击 (Calibrate) 即可看到整条校正工作曲线。

3. 处理样品

单击命令栏上的“Find Data”，选择所需处理的样品数据，单击 (Process Data)，在“Use specified method”对话框内选择所需的处理方法名（GPC35），按“OK”。在“Result”下按“Update”，则出现刚处理的未知聚丙烯腈试样样品名，双击，出现该样品的色谱图，点击 (Integrate)，出现该样品的保留时间，点击 (Calibrate)，出现该样品的积分结果，即所需的分子量分布的信息。如对自动积分的结果不满意，可以单击 (Processing Parameters Wizard)，选择“keep the calibration curve”，进行调整。

4. 打印报告

单击命令栏上的“Find Data”，在“Result”下选择已处理好需要打印的未知聚丙烯腈试样样品，按 (Print Review)，在出现的对话框中选择“Broad unknown universal”报告格式，按“Print”，选择页数范围，按“OK”。

六、注意事项

1. 保证溶剂的相溶性，避免使用对不锈钢有腐蚀性的溶剂。
2. 进样时一定不能有气泡。
3. 严格按照实验操作步骤规范操作，通常在样品测试过程中，学生只用“Find Data”、“View Data”和“Sample Queue”命令栏的命令，其他命令栏应在老师指导下操作。
4. 对仪器的维护和保养进行记录。

七、思考题

1. 简述凝胶渗透色谱法的基本原理。
2. 温度、溶剂的优劣对高聚物色谱图的位置有什么影响？
3. 讨论进样量、色谱柱的流速对实验结果有无影响？

八、参考文献

[1] 陈厚等．高分子材料分析测试与研究方法．2版．北京：化学工业出版社，2018.
[2] 冯开才等．高分子物理实验．北京：化学工业出版社，2004.

第二单元　密度和相对密度测定

实验5　密度梯度法测定聚乙烯的密度

聚合物密度是聚合物物理性质的一个重要指标，是判定聚合物产物、指导成型加工和探索聚集态结构与性能之间关系的一个重要数据。密度梯度法是测定聚合物密度的方法之一。对于无规则外形的聚合物材料，密度梯度法是测定其密度的最简单有效的方法。而对于结晶性聚合物，其晶区的密度与非晶区的密度是不同的，一般晶区的密度大于非晶区的密度；对于一给定的聚合物，其在100％完全结晶的情况下密度最高，而100％非晶的情况下其密度最低。密度与表征内部结构规则程度的结晶度有密切的关系，因此通过聚合物密度的测定，能够研究聚合物的结构状态进而控制材料的性质，对研究聚合物的物理性能和加工条件、过程对性能的影响有重要的意义。

一、实验目的

1. 掌握用密度梯度管测定聚合物密度的基本原理和方法，加深对聚合物密度范围的了解。

2. 学会以连续注入法配制密度梯度管的技术及密度梯度管的标定。

二、实验原理

密度梯度管法测量样品密度的原理是将两种密度不同而又能以任意比例混溶的液体，以一定的方式进行混合后流入密度梯度管中，高密度液体在下，低密度液体轻轻沿壁倒入，由于液体分子的扩散作用，使两种液体界面被适当地混合，达到扩散平衡，形成密度从上至下逐渐增大，并呈现连续线性分布的液柱，即得到自上而下密度连续变化的密度梯度液体。梯度管某一高度面上的液体密度由该处混合液中两种组分的比例决定。用标准密度的玻璃小球可以标定密度梯度管中不同位置高度的密度值。根据悬浮原理，平衡状态下与玻璃小球处于同一水平面的液体的密度等于玻璃小球的密度。如果以密度对管的高度作图，通常可得到一条直线（图5-1）。然后，将待测聚合物样品投入标定后的密度梯度管中，测出聚合物样品静止时在密度梯度管中的位置（高度值），根据试样在管中浮动的相对位置，就可以从标定直线上查得其密度。

三、仪器和试剂

1. 仪器

带磨口塞玻璃密度梯度管	1支	恒温槽	1台	测高仪	1台
标准玻璃小球	1组	密度计	1支	磁力搅拌器	1只

2. 试剂

蒸馏水　　工业酒精　　聚乙烯（颗粒样品）

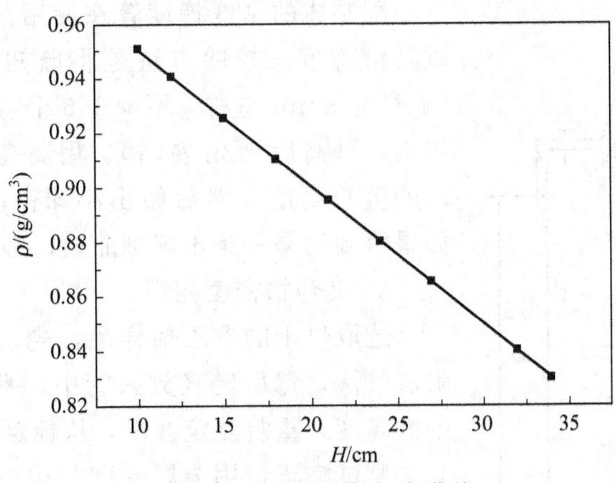

图 5-1　密度梯度管标定曲线

四、实验步骤

1. 密度梯度管的制备

根据欲测试样密度的大小和范围，确定梯度管测量范围的上限和下限，然后选择两种合适的液体，使轻液的密度等于上限，重液的密度等于下限。同时应该注意到，如选用的两种液体密度值相差大，所配制成的梯度管的密度梯度范围就大，密度随高度的变化率较大，因而在同样高度管中其精确度就低。在试样的密度范围内，密度梯度管内的液体，除满足所需密度范围外还应满足：不被试样吸收，不与试样起化学反应；两种液体能以任何比例相互混合；具有低的黏度和挥发性。

常用的密度梯度管二元混合体系如表 5-1 所示，可根据不同的试样进行选择。

表 5-1　密度梯度管二元混合体系

二元体系	密度范围/(g/cm^3)	二元体系	密度范围/(g/cm^3)
甲醇-苯甲醇	0.80～0.92	水-溴化钠	1.00～1.41
异丙醇-水	0.79～1.00	水-硝酸钙	1.00～1.60
乙醇-水	0.79～1.00	四氯化碳-二溴丙烷	1.60～1.99
异丙醇-乙二醇	0.79～1.11	二溴丙烷-二溴乙烷	1.99～2.18
乙醇-四氯化碳	0.79～1.59	1,2-二溴乙烷-溴仿	2.18～2.29
甲苯-四氯化碳	0.87～1.59		

本实验测定聚乙烯的密度，选用水-工业乙醇体系。

密度梯度管的配制方法比较简单，一般采用连续注入法配制，如图 5-2 所示。A、B 是两个同样大小的锥形瓶，将符合要求的轻（乙醇）、重（蒸馏水）液体分别装入 A、B 瓶中。它们的体积之和为密度梯度管的体积，B 锥形瓶下部有搅拌子在搅拌，初始流入梯度管的是重液，开始流动后 B 管的密度就慢慢变化，显然梯度管中液体密度变化与 B 管的变化是一致的。关闭锥形瓶 A、B 之间的双通阀 f_1 以及锥形瓶 B 的出口阀 f_2。分别将轻液与重液各 300mL 装进锥形瓶 A、B 内，打开磁力搅拌器 C，完全打开双通阀 f_1，打开出口阀 f_2（适当调节 f_2 启开程度，保证液流缓慢），直至密度梯度管 D 内液量达到约 500mL，关闭 B 瓶出口阀 f_2。

2. 密度梯度管的校验

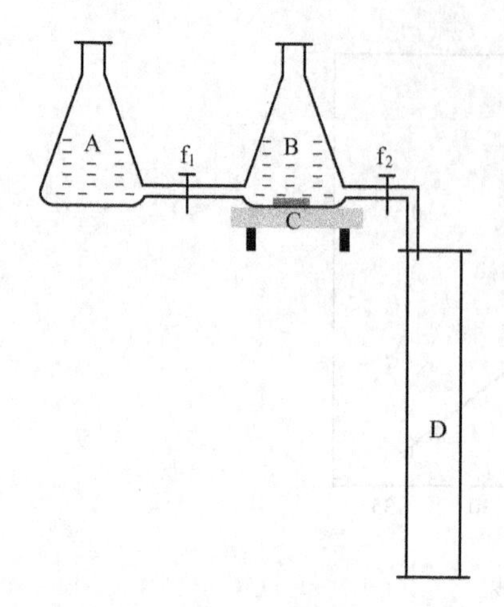

图 5-2 连续注入法制备密度梯度液

配制成的密度梯度管在使用前需通过校验，以便测试其精确度。校验方法是将已知密度的一组玻璃小球（直径为 3mm 左右，不少于 5 个），按密度大小依次投入管内，平衡后（2h 左右），用测高仪测定小球悬浮在管内的重心高度，然后做出小球密度对小球高度的曲线，如果得到的是一条不规则曲线，必须重新制备梯度管。

3. 聚合物密度测定

选取烘干的聚乙烯样品，先用轻液浸润试样，避免附着气泡，然后轻轻放入管中，平衡后，测定试样在管中的高度，重复测定 3 次，从标定曲线上读出试样密度。

测试完毕，用金属丝网勺按由上至下的次序轻轻地逐个捞起小球，并且事先将标号袋由小到大严格排好次序，使每取出一个小球即装入相应的袋中，待全部玻璃小球及试样依次捞起后，盖上密度梯度管盖子。

五、实验结果与处理

1. 标定曲线，按下表记录实验数据，并作出标定曲线。

轻组分		重组分		温度	
轻组分密度		重组分密度		稳定时间	

被测样品		高度 H(第 1 次)	高度 H(第 2 次)	高度 H(第 3 次)	高度 H(平均)	密度 $\rho/(g/cm^3)$
标准玻璃小球	1					
	2					
	3					
	4					
	5					

2. 聚乙烯密度

聚乙烯	高度 H(第 1 次)	高度 H(第 2 次)	高度 H(第 3 次)	高度 H(平均)	密度 $\rho/(g/cm^3)$
1					
2					
3					

六、思考题

1. 如要测定一个样品密度，是否一定要用密度梯度管，还可以用什么方法测定？
2. 影响密度梯度管精确度的因素是什么？

七、参考文献

［1］ 贺金娴．密度梯度柱法测定高聚物的密度．塑料工业，1981，(6)：32.
［2］ 何曼君等．高分子物理．3 版．上海：复旦大学出版社，2008.

第三单元　流变性能测定

实验6　聚合物熔体流动速率及流动活化能的测定

在塑料加工中，熔体流动速率（也称为熔融指数、熔体流动指数）是用来衡量塑料熔体流动性的一个重要指标，其值越大，表示该塑胶材料的加工流动性越好，反之则越差。通过测定塑料的流动速率，可以研究聚合物的结构因素。此法简单易行，对材料的选择和成型工艺条件的确定有重要的实用价值。

一、实验目的

1. 了解热塑性塑料在黏流态时黏性流动的规律及流动速率与加工性能的关系。
2. 掌握熔体流动速率仪的使用方法。

二、实验原理

熔体流动速率（MFR）是指热塑性塑料熔体在一定温度、压力下，在10min内通过标准毛细管的质量，单位：g/10min。以高密度聚乙烯为例，在190℃、2160g荷重条件下测得的熔体流动速率可表示为MFR190/2160。

对于同一种聚合物，在相同条件下，熔体流动速率越大，流动性越好。对于不同的聚合物，由于测定时所规定的条件不同，因此不能用熔体流动速率的大小比较其流动性。此种仪器测得的流动性能指标，是在低剪切速率下测得的，不存在广泛的应力应变速率关系，因而不能用来研究塑料熔体黏度和温度，黏度与剪切速率的依赖关系，仅能比较相同结构聚合物分子量或熔体黏度的相对数值。

由于熔体黏稠的聚合物一般属于非牛顿流体（假塑性流体），黏度η不是常数。只有在低的剪切速率下才比较接近牛顿流体，因此从熔融指数仪中得到的流动性能数据，是在低剪切速率下获得的，而实际成型加工过程往往是在较高的切变速率下进行的。所以实际加工中，还要研究熔体黏度与温度和切变应力的依赖关系。此外，熔融指数仪的毛细管长/径比小，流体在口模中不能充分发展，所以同时存在拉伸与剪切变形。因此熔融指数的数据只是一个大体上区别各种热塑性高聚物在熔融状态时流动性好坏的指标，还不能根据熔融指数数据预测实际成型加工工艺过程。表6-1给出了部分高聚物测定熔融指数的国家标准。

表6-1　部分高聚物测定熔融指数的国家标准

材料名称	实验温度/℃	标准口模内径/mm	料杆头直径9.55mm负荷/N
PE	190	2.095	21.168
PP	230	2.095	21.168
POM	190	2.095	21.168
PC	300	2.095	1.200
PS	190	2.095	5.000
ABS	200	2.095	5.000

高聚物分子量大小对其黏性流动影响极大。分子量增大，分子间作用力增加，将导致表观黏度的急剧增加和 MI 的迅速下降。经研究，熔融指数与重均分子量的关系如下：

$$\lg MI = 24.505 - 5\lg \overline{M}_w \tag{6-1}$$

但由于熔融指数不只是分子量的函数，也受分子量分布及支链的影响，所以在使用这一公式时应予注意。

对高聚物熔体黏度的研究表明，温度和熔体零剪切黏度的关系在低切变速率区可以用以下方程描述。

$$\eta_0 = A\,e^{\frac{E_\eta}{RT}} \tag{6-2}$$

式中，η_0 为温度 T 下时的零剪切黏度；E_η 为大分子的链段以一个平衡位置移动到下一个平衡位置必须克服的能垒高度，即流动活化能。把式(6-2) 化为对数形式，得：

$$\lg\eta_0 = \lg A + \frac{E_\eta}{2.303RT} \tag{6-3}$$

以 $\lg\eta_0$ 对 $1/T$ 作图，得一直线，其斜率为 $E_\eta/2.303R$，由此可求出 E_η。由于需要在每一温度条件下用改变荷重的方法做一组实验，通过外推才能求得零剪切黏度，费时太多，可以利用熔融指数仪，测定不同温度，恒定切应力条件下的 MI 值，并由此求出表观活化能。原理如下：

由泊肃叶方程知道，通过毛细管黏度计的熔体的黏度

$$\eta = \frac{\pi R^4 \Delta p}{8VL} \tag{6-4}$$

式中，R 与 L 分别为毛细管的半径与长度；Δp 为压差；V 为体积流速。

则：

$$V = \frac{\pi R^4 \Delta p}{8\eta L} \tag{6-5}$$

在固定毛细管及 Δp 的条件下

$$V = \frac{K}{\eta} \tag{6-6}$$

由 MI 的定义知道，MI 正比于 V，

所以

$$\eta = \frac{K'}{MI} \tag{6-7}$$

将其代入式(6-2)，得

$$\frac{K'}{MI} = A\,e^{\frac{E_\eta}{RT}} \tag{6-8}$$

由式(6-8) 可导出

$$-\lg MI = B + \frac{E_\eta}{2.303RT} \tag{6-9}$$

式中 $B = \lg A - \lg K'$。以 $-\lg MI$ 对 $1/T$ 作图，得一直线，由其斜率可求得 E_η。还可以利用 MI 的实测值计算样品的 $\overline{M}_w$ 及不同温度下 η 的值。

三、仪器和试剂

1. 仪器

XRZ-400A 型熔体流动速率仪	1 套	精度 1/10s 的秒表	1 套
电子天平	1 套		

2. 试剂

聚乙烯

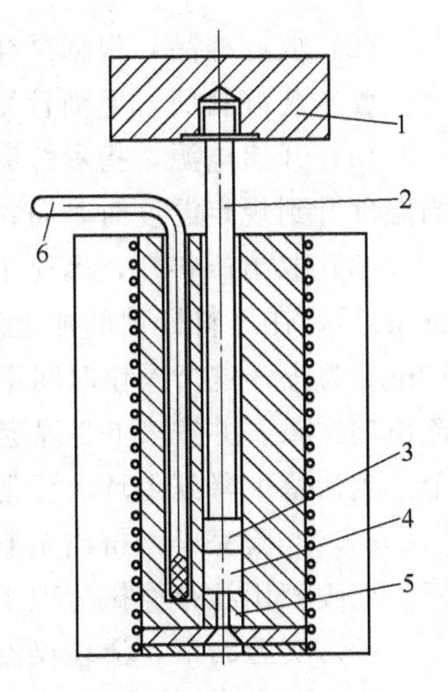

图 6-1　熔体流动速率仪结构示意图

1—砝码；2—活塞杆；3—活塞；4—料筒；5—标准毛细管；6—温度计

塑料工业中经常使用的熔融指数仪为一种恒压型毛细管流变仪。本实验使用 XRZ-400A 型熔体流动速率测定仪。该仪器由试料挤出系统和加热控制系统两部分组成，其主体结构如图 6-1 所示。料筒外面包裹的是加热器，在料筒的底部有一只口模，口模中心是熔体挤压流出的毛细管。料筒内插入一支活塞杆，在杆的顶部压着砝码。实验时，先将料筒加热，达到预期的实验温度后，将活塞杆拔出，在料筒中心孔中灌入试样（塑料粒子或粉末），用工具压实后，再将活塞杆放入，待试样熔融，在活塞杆顶部压上砝码，熔融的试样料通过口模毛细管被挤出。

测定不同结构的塑料的熔体流动速率，所选择的温度、负荷、试料用量、切割时间等各不相同，其规定标准见表 6-2 和表 6-3。其中，PE：1，2，3，4，6；POM：3；PS：5，7，11，13；ABS：7，9；PP：12，14；PC：16；PA：10，15；丙烯酸酯：8，11，13；纤维素酯：2，3。

表 6-2　各种塑料熔体流动速率测定的标准条件

序号	标准口模内径/mm	试验温度/℃	口模系数/g·mm^2	负荷/kg
1	1.180	190	46.6	2.106
2	2.095	190	70	0.325
3	2.095	190	464	2.160
4	2.095	190	1073	5.000
5	2.095	190	2146	10.000
6	2.095	190	4635	21.600
7	2.095	200	1073	5.000
8	2.095	200	2146	10.000
9	2.095	220	2146	10.000
10	2.095	230	70	0.325
11	2.095	230	258	1.200
12	2.095	230	464	2.160
13	2.095	230	815	3.800
14	2.095	230	1073	5.000
15	2.095	275	70	0.325
16	2.095	300	258	1.200

表 6-3　试样加入量与切样时间间隔

MFR/(g/10min)	试样加入量/g	切样时间/s
0.1～0.5	3～4	120～240
＞0.5～1.0	3～4	60～120
＞1.0～3.5	4～5	30～60
＞3.5～10.0	6～8	10～30
＞10～25	6～8	5～10

四、实验步骤

1. 熔体流动速率的测定

(1) 熟悉仪器，检查仪器是否水平，压料杆、毛细管是否清洁。

(2) 放好样品，根据试样预计的熔体流动速率值，用天平按表 6-3 称取试样。

(3) 装好料筒，毛细管温度计（测料腔温度，分度值 0.1℃）。

(4) 开启电源，指示灯亮，将开关打到“升温”，此时加热电压约为 220V，开始升温，当温度升到规定温度时，向料枪插入压料杆，恒温 15min。

(5) 取出压料杆，迅速用漏斗将备好的物料装入，随即再装上压料杆，固定稳妥，预热 5min 后，在压料杆顶部加上砝码（也可用手压）使活塞降到下环形标记，距料筒口 5～10mm 为止，这个操作时间不超过 1min。待活塞下降至下环形标记和料筒口相平时切除已流出的样条，并按表 6-3 规定的切样时间间隔开始正式切取。保留连续切取的无气泡样条 5 个。当活塞下降到上环形标记和料筒口相平时，停止切取。

(6) 实验完毕，挤出余料（为尽快压出余料，可加其他金属重物）并趁热将料筒、料杆、毛细管用纱布擦拭清理干净。

(7) 实验结束，清理仪器，切断电源。

2. LDPE 流动活化能的测定

在 130～230℃区间选 5～6 个温度点，按上述步骤分别测定 LDPE 的流动速率。

五、注意事项

(1) MFR＞25 时，可选用 ϕ＝1.180mm 的标准口模。

(2) 试样条长度最好选在 10～20mm 之间，但以切样间隔为准。

(3) 样条冷却后，置于天平上称重。若每组所切样中质量的最大值和最小值之差超过其平均值的 10%，实验应重做。

(4) 试样加入时用活塞压紧，并在 1min 内加完，根据选用的实验条件加负荷。

(5) 温度波动应保证在±0.5℃以内（炉温须在距标准口模上端 10.0mm 处测量）。

(6) 每次实验后，必须用纱布擦净标准口模表面、活塞和料筒，模孔用直径合适的黄铜丝或木钉趁热将余料顶出后用纱布擦净。

六、实验数据处理

1. 熔体流动速率按下式计算：

$$\mathrm{MFR}=600m/t$$

式中，MFR 为熔体流动速度，g/10min；m 为切取样条质量的算术平均值，g；t 为切样时间间隔，s。

计算结果取二位有效数字。

2. 以 $-\lg MI$-$1/T\times10^3$ 作图，由直线斜率求得流动活化能 E_η。

3. 利用式(6-1) 计算 LDPE 试料的分子量。

七、思考题

1. 聚合物的分子量与其熔体流动速率有什么关系？为什么熔体流动速率不能在结构不同的聚合物之间进行比较？

2. 为什么要切取 5 个切割段？是否可直接切取 10min 流出的质量为熔体流动速率？

八、参考文献

[1] 冯开才等．高分子物理实验．北京：化学工业出版社，2004.

第四单元　结晶度测定

实验 7　结晶态聚合物结晶度的测定

——广角 X 射线衍射（WAXD）测聚合物结晶度

一、实验目的

1. 初步掌握 X 射线衍射测定聚合物结晶度的基本原理。
2. 学会 X 射线衍射实验结果的数据处理。

二、实验原理

结晶态是高分子凝聚态的主要形态之一，固体聚合物的结晶度、晶体形态、结晶过程以及结晶原理等内容，是高分子凝聚态物理研究的核心内容之一。结晶度是表征聚合物性质的重要参数，聚合物的一些物理性能和机械性能与其结晶度有着密切的关系。结晶度愈大，晶区范围愈大，其强度、硬度、刚度愈高，密度愈大，尺寸稳定性愈好；同时耐热性和耐化学性也愈好。但与链运动有关的性能如弹性、断裂伸长、抗冲击强度、溶胀度等降低。同样在聚合物成型加工过程中如何控制加工条件，使成型后的聚合物材料中形成有利于材料性能的结晶形态或具有一定的结晶程度，也是聚合物加工技术的研究方向。因而高分子材料结晶度的准确测定和描述对认识和利用这种材料是很关键的。

所谓结晶度就是结晶的程度，就是结晶部分的质量占总质量或体积占总体积的百分数。根据聚合物结晶的两相理论，结晶聚合物通常由晶相和非晶相两部分组成，由于两相界限不明确，给准确测定结晶部分的含量带来了困难。同时由于测定结晶度的方法不同，也会对结晶度的求算造成较大的出入，因此在表明高聚物结晶度的同时必须具体说明所采用的测量方法。1988 年国际纯粹与应用化学联合会（IUPAC）推荐用 $W_{c,\alpha}$ 来表示晶态聚合物的结晶度，下脚注 α 则根据不同测量方法有所不同，如 WAXD 方法、DSC 方法、密度法、IR 方法等，则 α 分别依次表示为 x、h、d、i 等。其中 X 射线衍射方法是一种简单、可靠的测定方法，而且其值 $W_{c,\alpha}$ 也能较准确反映结晶态占的比例。

用 X 射线衍射方法测定聚合物结晶度的理论基础为：对某一确定样品全倒易空间总的相干散射强度只与参加散射的原子种类及其总数目有关，是一恒量，而与它们的聚集状态无关。X 射线衍射方法测定高聚物结晶度的定义为：

$$W_{c,x}=\frac{m_c}{m}\times 100\%(m=m_c+m_\alpha) \tag{7-1}$$

$$\frac{m_\alpha}{m_c}=K\frac{I_\alpha}{I_c} \tag{7-2}$$

$$W_{c,x}=\frac{I_c}{I_c+KI_\alpha}\times 100\% \tag{7-3}$$

式中，m 为高聚物样品的总质量；m_c为高聚物样品结晶部分的质量；m_α为高聚物样品非晶部分的质量；I_c为高聚物样品结晶部分衍射积分强度；I_α为高聚物样品非晶部分散射积分强度；K 为高聚物样品结晶和非晶部分单位质量的相对散射系数。如果将 X 射线衍射图中的结晶衍射强度 I_c和非晶散射强度 I_α分开，则对于单一组分的聚合物结晶度可用式(7-4)表示：

$$W_{c,x}=\frac{\sum_i C_{i,hkl}(\theta)I_{i,hkl}(\theta)}{\sum_i C_{i,hkl}(\theta)I_{i,hkl}(\theta)+\sum_j C_j(\theta)I_j(\theta)k_i}\times 100\% \tag{7-4}$$

式中，i，j 分别为计算结晶衍射峰数目和非晶衍射峰数目；$C_{i,hkl}(\theta)$，$I_{i,hkl}(\theta)$ 分别是 hkl 晶面校正因子及衍射峰积分强度；$C_j(\theta)$，$I_j(\theta)$ 分别是非晶峰校正因子和散射峰积分强度。一些常见聚合物 k_i值可从文献中查得，式(7-4) 中校正因子 $C(\theta)$ 的计算可由式(7-5) 求得：

$$\begin{aligned}C^{-1}(\theta)&=f^2\frac{1+\cos^2 2\theta}{\sin^2\theta\cos\theta}e^{-2B(\sin\theta/\lambda)^2}\\&=\sum_i N_i f_i^2\ \frac{1+\cos^2\theta}{\sin^2\theta\cos\theta}e^{-2B(\sin\theta/\lambda)^2}\end{aligned} \tag{7-5}$$

式中，f 是每个重复单元中所含有的全部原子散射因子；N_i，f_i分别是每个重复单元中含有的第 i 种原子数目和原子散射因子；θ 为衍射角；$(1+\cos^2 2\theta)/(\sin^2\theta\cos\theta)$是角因子(LP)；$e^{-2B(\sin\theta/\lambda)^2}$是温度因子(T)；定义 $K_x=k_iC_{i,l}(\theta)$，K_x 称总校正系数；原子散射因子 f_i可近似地表示为：

$$f_i(\sin\theta/\lambda)=a_je^{-2b_j(\sin\theta/\lambda)^2}+C \tag{7-6}$$

式中的 a_j，b_j，C 均可查阅文献得到。作图法分峰简便易行，计算时只要把 X 射线衍射强度曲线分解为非晶和结晶两部分，按上面给出的校正因子定义和计算方法对各晶面衍射强度进行修正以后代入式(7-4) 中就可以获得某种聚合物 $W_{c,x}$的计算公式。

图 7-1 为 sPS 在 250℃等温结晶 2h 后广角 X 衍射图谱利用 Lorentzian 函数进行计算机拟合分峰的结果。图中，a 代表无定形峰，Ⅰ为原始的 WAXD 曲线，Ⅱ为分解的各衍射峰和无定形峰的叠加后的曲线，Ⅲ为各衍射峰和无定形峰的分解曲线（虚线表示）。根据式(7-4) 可计算出该结晶条件下 sPS 结晶度。

三、仪器和试剂

D/max2500PC 转靶粉末衍射仪（日本理学，Cu 靶，18kW)；结晶态聚合物。

四、实验步骤

1. 依次开启总电源、循环水电源、主机电源，按“pump”连续抽真空 12h 以上。

2. 开启电脑，右下角任务栏出现第一个蓝色图标之后，开始程序操作（双击 Rigaku 文件夹）：

① 双击 Measurement server，在右下角出现第二个小图标，当其颜色从红色变为蓝色时，进行下步操作。

② 双击 XG operation，出现控制面板（XG control)。从左到右点击，先点击 power on，再使仪器老化一段时间。

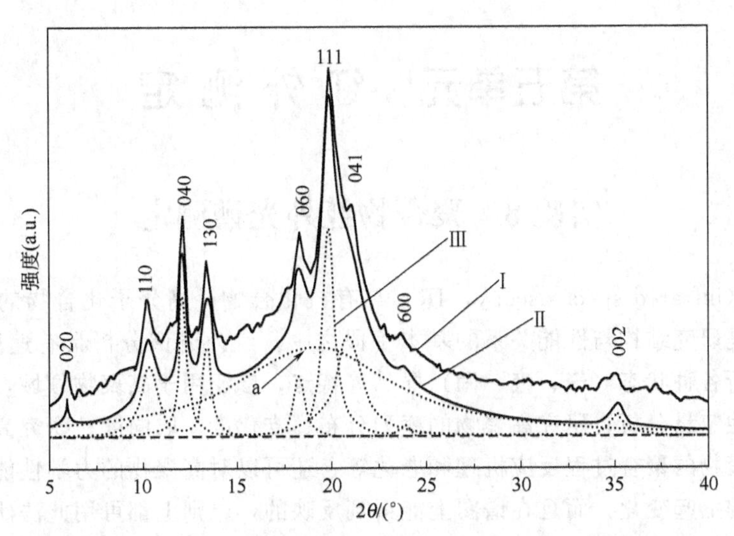

图 7-1　sPS 各晶型的 WAXD 多峰曲线分解拟合结果

3. 创建数据保存的路径：在 standard measurement 对话框中 file name 单击 Browse，在 D：/创建自己的文件夹。

4. 设定扫描条件：包括起始角度（start angle），终止角度（stop angle），步长（sampling W），扫描速度（scan speed），以及电压、电流。

5. 按“Door”按钮，听到提示音，轻开门，放置样品；在 standard measurement 对话框点击黄色图标，即开始扫描。

6. 测试结束后，首先点击“Set”泄掉高压，保持通循环水 40min 以上，依次关闭主机电源、循环水、总电源。

7. 数据处理：

① 用 JADE 软件原始数据处理；

② 转换“*.txt”格式；

③ 利用 Origin 软件中的 Lorentzian 函数进行计算机拟合分峰。

五、思考题

1. 影响聚合物结晶的因素主要有哪些？

2. 用 Co，Cu，Fe，Mo 等靶对聚合物材料进行结构分析，为获单色辐射，选用何种材料滤波？为什么？

3. 晶态聚合物的结晶度与高分子材料性能有何联系？

六、参考文献

［1］ 殷敬华，莫志深．现代高分子物理学．北京：科学出版社，2003.

［2］ 周公度．晶体结构测定．北京：科学出版社，1981.

［3］ 冯开才等．高分子物理实验．北京：化学工业出版社，2004.

［4］ 陈庆勇，李悦生，莫志深．功能高分子学报，2003，16（1）：97-106.

第五单元　红外测定

实验8　聚合物红外光谱测定

红外光谱（infrared spectroscopy，IR）与有机化合物、高分子化合物的结构之间存在密切的关系，是研究结构与性能关系的基本手段之一。红外光谱分析具有速度快、取样微、高灵敏并能分析各种状态（气、液、固）样品等特点，广泛用于高聚物领域，如对高分子材料官能团的定性定量分析，研究高聚物的序列分布、支化度、取向度，研究高聚物的聚集态结构，研究高聚物的聚合过程反应机理和老化等，还可以对高聚物的力学性能进行研究。总之，凡微观结构上起变化，而且在谱图上能得到反映的，原则上都可用此法研究。

一、实验目的

1. 掌握傅里叶红外光谱分析法的基本原理。
2. 掌握红外光谱样品的制备和红外光谱仪的使用。
3. 通过查阅文献和谱图数据库，对实验得出的谱图进行解析。

二、实验原理

红外光谱（infrared spectroscopy，IR）是一种吸收光谱。红外光只能激发分子内原子核之间的振动和转动能级的跃迁，因此红外吸收光谱是通过测定这两种能级跃迁的信息来研究分子结构的。红外光谱区域可进一步细分为近红外区（$10000\sim4000cm^{-1}$）、中红外区（$4000\sim400cm^{-1}$）和远红外区（$400\sim10cm^{-1}$）。其中最常用的是$4000\sim400cm^{-1}$，大多数化合物的化学键振动能的跃迁发生在这一区域。

在红外光谱图中，纵坐标一般用线性透光率作标度，称为透射光谱图；也有采用非线性吸光度为标度的，称为吸收光谱图。谱图中的横坐标是以红外辐射光的波数（cm^{-1}）为标度。但有时也用波长（μm）为标度。这两种标度的关系依照式为：$\nu(cm^{-1})\times\lambda(\mu m)=10^4$。

图8-1为典型的红外光谱。横坐标为波数（cm^{-1}，最常见）或波长（μm），纵坐标为透光率或吸光度。

在分子中存在着许多不同类型的振动，其振动与原子数有关。含N个原子的分子有$3N$个自由度，除去分子的平动和转动自由度以外，振动自由度应为$3N-6$（线形分子是$3N-5$）。这些振动可分两大类：一类是原子沿键轴方向伸缩使键长发生变化的振动，称为伸缩振动，用υ表示。这种振动又分为对称伸缩振动（用υ_s表示）和非对称伸缩振动（用υ_{as}表示）。另一类是原子垂直键轴方向振动，此类振动会引起分子内键角发生变化，称为弯曲（或变形）振动，用δ表示。这种振动又分为面内弯曲振动（包括平面及剪式两种振动），面外弯曲振动（包括非平面摇摆及弯曲摇摆两种振动）。图8-2为聚乙烯中—CH_2—基团的几种振动模式。

分子振动能与振动频率成反比。为计算分子振动频率，首先研究各个孤立的振动，即双

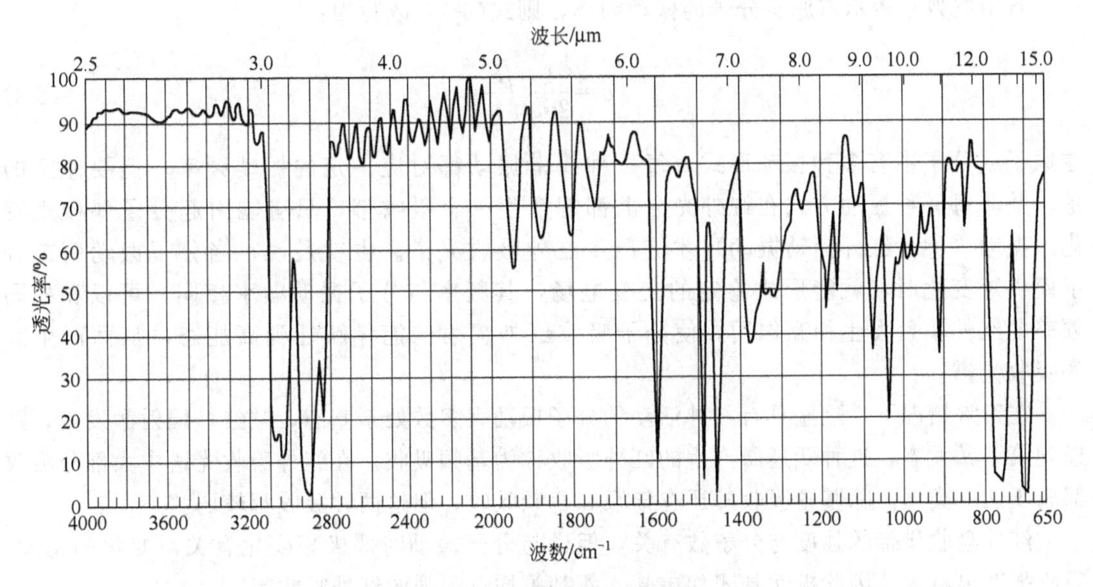

图 8-1　聚苯乙烯的红外光谱

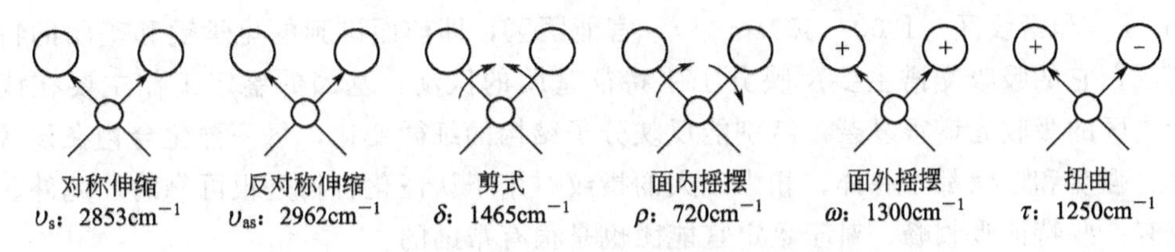

图 8-2　聚乙烯中—CH_2—基团的振动模式

原子分子的伸缩振动。如图 8-3 所示，把分子看成是一个弹簧连接两个小球，m_1 和 m_2 分别代表两个小球的质量，相当于分子中两个原子的质量，弹簧的长度就是分子化学键的长度，小球间弹簧的张力相当于分子的化学键。这个体系的振动频率取决于弹簧的强度和小球的质量，即化学键的强度和两个原子的相对原子质量。其振动是在连接两个小球的键轴方向发生的。

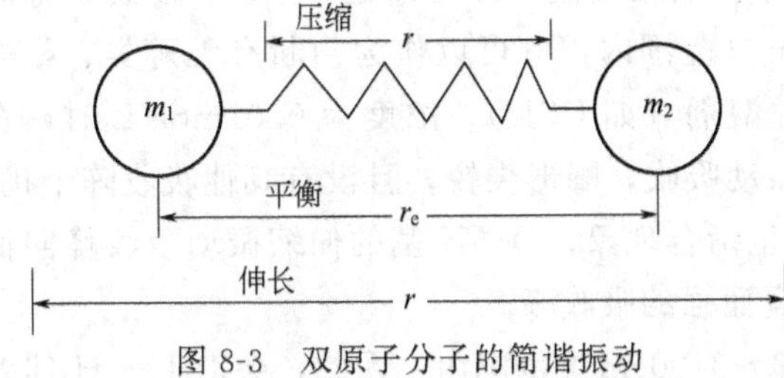

图 8-3　双原子分子的简谐振动

按照这一类型，双原子分子的简谐振动应符合虎克定律，振动频率 υ 可用下式表示：

$$\upsilon=\frac{1}{2\pi}\sqrt{\frac{K}{u}} \tag{8-1}$$

式中，υ 为频率，Hz；K 为化学键力常数，10^{-5} N/cm；u 为折合质量，g。m_1，m_2 分别为每个原子的相对原子质量；N 为阿伏伽德罗常数。

$$u=\frac{m_1 m_2}{m_1+m_2}\times\frac{1}{N} \tag{8-2}$$

式中，m_1，m_2 分别为每个原子的相对原子质量；N 为阿伏伽德罗常数。

若用波数来表示双原子分子的振动频率，则式(8-1) 改写为：

$$\bar{\upsilon}=\frac{1}{2\pi c}\sqrt{\frac{K}{u}} \tag{8-3}$$

在原子或分子中有多种振动形式，每一种简谐振动都对应一定的振动频率。但要注意的是，并非每一种振动方式在红外光谱上都能产生一个吸收带，只有能引起分子偶极矩变化的振动（称为红外活动振动）才能产生红外吸收光谱。也就是说，当分子振动引起分子偶极矩变化时，就能形成稳定的交变电场，其频率与分子振动频率相同，可以和相同频率的红外辐射发生相互作用，使分子吸收红外辐射的能量跃迁到高能态，从而产生红外吸收光谱。

在正常情况下，这些具有红外活动的分子振动大多数处于基态，被红外辐射激发后，跃迁到第一激发态，这种跃迁所产生的红外吸收称为基频吸收。在红外吸收光谱中大部分吸收都属于这一类型。除基频吸收外还有倍频和合频吸收，但这两种吸收都较弱。

红外吸收谱带的强度与分子数有关，但也与分子振动时偶极矩变化有关。变化率越大，吸收强度也越大，因此极性基团如羧基、氨基等均有很强的红外吸收带。

按照光谱和分子结构的特征可将整个红外光谱大致分为两个区，即官能团区（4000～1300cm^{-1}）和指纹区（1300～400cm^{-1}）。官能团区，即前面讲到的化学键和基团的特征振动频率区，它的吸收光谱主要反映分子中特征基团的振动，基团的鉴定工作主要在该区进行。指纹区的吸收光谱很复杂，特别能反映分子结构的细微变化，每一种化合物在该区的谱带位置、强度和形状都不一样，相当于人的指纹，用于认证化合物是很可靠的。此外，在指纹区也有一些特征吸收峰，对于鉴定官能团也是很有帮助的。

利用红外光谱鉴定化合物的结构，需要熟悉红外光谱区域基团和频率的关系。通常将红外区分为六个区。下面对各个光谱区域作一介绍。

(1) 频率范围在4000～2500cm^{-1}为X—H伸缩振动区　X可以是O、N、C或S等原子。O—H基的伸缩振动出现在3650～3200cm^{-1}范围内，它可以作为判断有无醇类、酚类和有机酸类的重要依据。当醇和酚溶于非极性溶剂（如CCl_4），浓度为0.01mol/L时，在3650～3580cm^{-1}处出现游离O—H基的伸缩振动吸收，峰形尖锐，且没有其他吸收阵干扰，易于识别。当试样浓度增加时，羟基化合物产生缔合现象，O—H基的伸缩振动吸收峰向低波数方向位移，在3400～3200cm^{-1}出现一个宽而强的吸收峰。

胺和酰胺的N—H伸缩振动也出现在3500～3100cm^{-1}范围内，因此，会对O—H伸缩振动有干扰。

C—H的伸缩振动可分为饱和和不饱和两种。饱和的C—H伸缩振动出现在3000cm^{-1}以下，约3000～2800cm^{-1}，取代基对它们的影响很小。如—CH_3基的伸缩吸收出现在2960cm^{-1}和2876cm^{-1}附近；RCH_2—基的吸收在2930cm^{-1}和2850cm^{-1}附近；不饱和的C—H伸缩振动出现在3000cm^{-1}以上，以此来判别化合物中是否含有不饱和的C—H键。苯环的C—H键伸缩振动出现在3030cm^{-1}附近，它的特征是强度比饱和的C—H键稍弱，但谱带峰形比较尖锐。不饱和双键═C—H的吸收出现在3040～3010cm^{-1}范围内，末端═CH_2的吸收出现在3085cm^{-1}附近。三键≡C—H上的C—H伸缩振动出现在更高的区域（3300cm^{-1}）附近。

N—H吸收出现在3500～3300cm^{-1}，为中等强度的尖峰。伯胺基团有两个N—H键，具有对称和反对称伸缩振动，因此有两个吸收峰。仲胺基有一个吸收峰，叔胺基无 N—H 吸收。

（2）频率范围在 2500～2000cm^{-1}为三键和累积双键区　该区红外谱带较少，主要包括—C≡C，—C≡N 等三键的伸缩振动及—C═C═C，—C═C═O等累积双键的不对称伸缩振动。对于炔烃类化合物，可以分成 R—C≡C—H 和 R′—C≡C—R 两种类型。R—C≡C—H 的伸缩振动出现在 2140～2100cm^{-1}附近，R′—C≡C—R出现在 2260～2190cm^{-1}附近，若 R′—C≡C—R 分子对称，则为非红外活性，无红外吸收。—C≡N 基的伸缩振动在非共轭的情况下出现在 2260～2240cm^{-1}附近。当与不饱和键或芳香环共轭时，该峰位移到 2230～2220cm^{-1}附近。若分子中含有 C、H、N 原子，—C≡N 基吸收比较强而尖锐。若分子中含有 O 原子，且 O 原子离—C≡N 基越近，—C≡N基的吸收越弱，甚至观察不到。

（3）频率范围在 2000～1500cm^{-1}为双键伸缩振动区　该区主要包括 C═O、C═C、C═N、N═O 等的伸缩振动以及苯环的骨架振动，芳香族化合物的倍频谱带。

羰基的吸收一般为最强峰或次强峰，出现在 1760～1690cm^{-1}内，受与羰基相连的基团影响，会移向高波数或低波数。

芳香族化合物环内碳原子间伸缩振动引起的环的骨架振动有特征吸收峰，分别出现在 1600～1585cm^{-1}及 1500～1400cm^{-1}。因环上取代基的不同吸收峰有所差异，一般出现两个吸收峰。杂芳环和芳香单环、多环化合物的骨架振动相似。

烯烃类化合物的 C═C 振动出现在 1667～1640cm^{-1}，为中等强度或弱的吸收峰。

（4）频率范围在 1500～1300cm^{-1}为 C—H 弯曲振动区　CH_3 在 1375cm^{-1}和 1450cm^{-1}附近同时有吸收，分别对应于 CH_3 的对称弯曲振动和反对称弯曲振动。前者当甲基与其他碳原子相连时吸收峰位几乎不变，吸收强度大于 1450cm^{-1}的反对称弯曲振动和 CH_2 的剪式弯曲振动。1450cm^{-1}的吸收峰一般与 CH_2 的剪式弯曲振动峰重合。但 3-戊酮的两组峰区分得很好，这是由于CH_2 与羰基相连，其剪式弯曲吸收带移向 1439～1399cm^{-1}的低波数并且强度增大之故。CH_2 的剪式弯曲振动出现在 1465cm^{-1}，吸收峰位几乎不变。

两个甲基连在同一碳原子上的偕二甲基有特征吸收峰。如异丙基（$(CH_3)_2CH$—在 1385～1380cm^{-1}和 1370～1365cm^{-1}有两个同样强度的吸收峰（即原 1375cm^{-1}的吸收峰分叉）。叔丁基［$(CH_3)_3C$—］1375cm^{-1}的吸收峰也分叉（1395～1385cm^{-1}和 1370cm^{-1}附近），但低波数的吸收峰强度大于高波数的吸收峰。分叉的原因在于两个甲基同时连在同一碳原子上，因此有同位相和反位相的对称弯曲振动的相互耦合。

（5）频率范围在 1500～910cm^{-1}为单键伸缩振动区　C—O 单键振动在 1300～1050cm^{-1}，如醇、酚、醚、羧酸、酯等，为强吸收峰。醇在 1100～1050cm^{-1}有强吸收，酚在 1250～1100cm^{-1}有强吸收；酯在此区间有两组吸收峰，为 1240～1160cm^{-1}（反对称）和 1160～1050cm^{-1}（对称）。C—C、C—X（卤素）等也在此区间出峰。将此区域的吸收峰与其他区间的吸收峰一起对照，在谱图解析时很有用。

（6）频率范围在 910cm^{-1}以下为苯环面外弯曲振动、环弯曲振动区　如果在此区间内无强吸收峰，一般表示无芳香族化合物。此区域的吸收峰常常与环的取代位置有关。

上述 6 个重要基团振动光谱区域的分布和用振动频率公式 $\upsilon=\frac{1}{2\pi}\sqrt{\frac{K}{u}}$ 等计算出的结果完全相符。即键力常数大的（如 C═C）、折合质量小的（如 X—H）基团都在高波数区；反之键力常数小的（如单键）、折合质量大的（如 C—Cl）基团都在低波数区。

三、仪器和试剂

1. 仪器

傅里叶变换红外光谱仪 1台

压片机 1台

玛瑙研钵 1个

2. 试剂

溴化钾 光谱纯

待分析聚合物及其单体（聚苯乙烯、聚乙烯、聚丙烯腈、聚醋酸乙酯、尼龙）

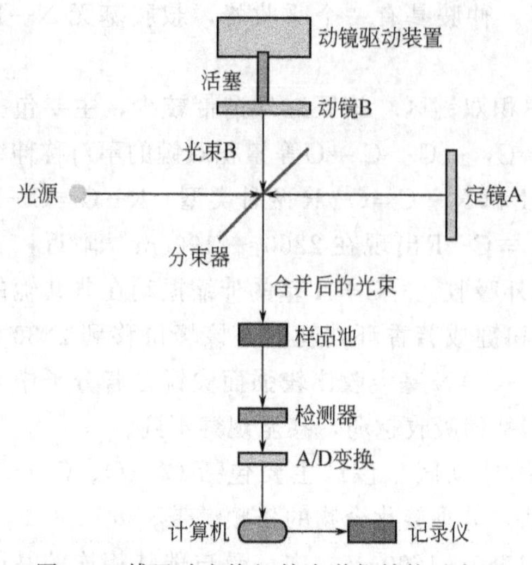

图 8-4 傅里叶变换红外光谱仪结构示意图

（1）傅里叶（Fourier）变换红外光谱仪 傅里叶变换红外光谱仪是一种干涉型红外光谱仪，干涉型红外光谱仪的原理如图 8-4 所示，傅里叶变换红外光谱仪主要由光源（硅碳棒、高压汞灯）、迈克尔逊（Michelson）干涉仪、检测器、计算机和记录仪组成。核心部分为迈克尔逊干涉仪，它将光源来的信号以干涉图的形式送往计算机进行变换的数学处理，最后将干涉图还原成光谱图，如图 8-5 所示。

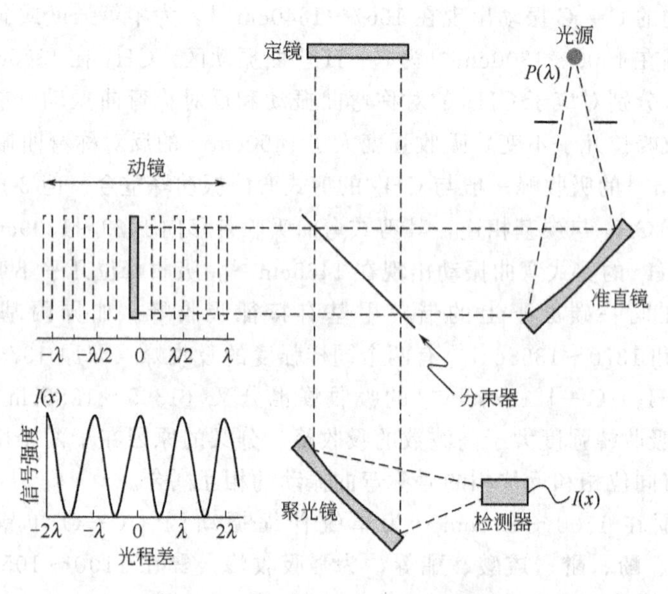

图 8-5 迈克尔逊干涉仪工作原理图

（2）样品可选择聚苯乙烯、聚乙烯、聚丙烯腈、聚醋酸乙酯、尼龙等。

四、实验步骤

［美国 Nicolet 公司 MAGNA-IR 550（series Ⅱ）型傅里叶红外光谱仪为例］

1. 制样

（1）溶液制膜 将聚合物样品溶于适当的溶剂中，然后均匀地浇涂在溴化钾或氯化钠晶片上，待溶剂挥发后，形成的薄膜可以直接测试。

（2）热压薄膜法 将样品放入压模中加热软化，液压成片；如果是交联及含无机填料较高的聚合物，可以用裂解法制样，将样品置于丙酮：氯仿为1：1混合的溶液中抽提8h，放入试管中裂解，取出试管壁液珠涂片。

（3）溴化钾压片法 此法对一般固体样品都是很适用的，但是在聚合物制样中，只适用于不溶性或脆性的树脂，一些橡胶和粉末状的样品。

分别取1～2mg的样品和30～45mg干燥的溴化钾晶体（粉末），于玛瑙研钵中仔细研磨约20～50min后，且混合均匀的细粉末，转移到手动压片器中压成透明。

除了上述三种方法外，还有切片法、溶液法、石蜡糊法等。

2. 开机

打开红外光谱仪的电源，待电压稳定后（30min），启动电脑主机，启动红外应用程序。设定各种测试参数，如扫描次数（通常为32次）、分辨率（通常为$4cm^{-1}$）、透过率等。参数设置完成后，进行背景扫描。

3. 把制备好的样品放入样品架，然后插入仪器样品室的固定位置上。

4. 扫描样品KBr压片，保存图谱。

5. 谱图分析，根据被测基团的红外特征吸收谱带的出现，来确定该基团的存在。

6. 调用谱图的操作练习

（1）点击电脑屏幕上的［Ominic］快捷按钮，打开程序软件。

（2）点击主菜单上的File，从下拉菜单中选择Open，选择一个spa文件，按“OK”键确认，将可以在程序软件的主界面内看到被调出的光谱图。

（3）点击Absorb按钮，此时显示的是吸光率峰图。

（4）点击Find Peak按钮，吸光率图谱的峰值将被自动查找和显示。

（5）点击%Trans按钮，此时显示的是透光率峰图。

（6）点击AutBsln按钮，进行图谱的自动基线调整。

（7）点击NrmScl按钮，显示正常尺寸的图谱。

（8）点击Print按钮，打印当前的图谱。

五、思考题

1. 样品的用量对检测精度有无影响？
2. 做红外光谱检测时样品是否要经过精制？

六、参考文献

［1］张兴英，李齐方．高分子科学实验．2版．北京：化学工业出版社，2007.

［2］卿大咏，何毅，冯茹森．高分子实验教程．北京：化学工业出版社，2011.

［3］李树新，王佩璋．高分子科学实验．北京：中国石化出版社，2008.

第六单元　聚合物形貌表征

实验 9　聚合物偏光显微镜形貌表征

用偏光显微镜研究聚合物的结晶形态是目前在实验室中较为简便而直观的方法。众所周知，聚合物的结晶过程是聚合物大分子链进行三维长程有序排列的过程。由于分子结构不同及结晶条件（温度、时间、压力等）的差异，聚合物会出现不同的结晶形态，如单晶、串晶、树枝晶、伸直链晶及球晶等。

一、实验目的

1. 了解偏光显微镜的基本结构、原理及使用方法。
2. 学习熔融法制备聚合物球晶，观察聚合物的结晶形态，估算球晶的大小。

二、实验原理

光的传播方向和振动方向所组成的平面叫振动面，自然光包括了垂直于光波传播方向的所有可能的振动方向，因此自然光的振动面时刻在改变。而偏振光是电矢量相对于传播方向以一固定方向振动的光，传播过程中，光矢量始终在一个平面内不变。由光源发出的自然光经过起偏器变为偏振光后，照射到聚合物晶体样品上，由于晶体的双折射效应，这束光被分解为振动方向相互垂直的两束偏振光。这两束光不能完全通过检偏器，只有其中平行于检偏器振动方向的分量才能通过。

球晶是高聚物结晶的一种最常见的特征形式，当结晶性的聚合物从熔体冷却结晶时，在不存在应力或流动的情况下，都倾向于生成球晶。

球晶的生长以晶核为中心，从初级晶核生长的片晶，在结晶缺陷点发生分叉，形成新的片晶，它们在生长时发生弯曲和扭转，并进一步分叉形成新的片晶，如此反复，最终形成以晶核为中心，三维向外发散的球形晶体。实验证实，球晶中分子链垂直球晶的半径方向。

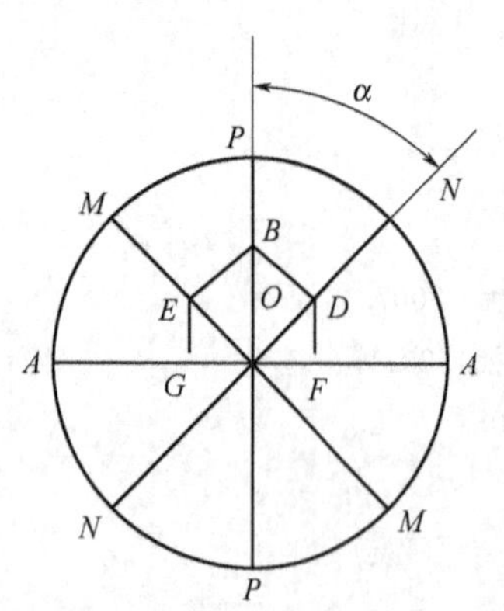

图 9-1　在偏光显微镜正交场中穿过晶体的光矢量分解图

用偏光显微镜观察球晶的结构是根据聚合物球晶具有双折射性和对称性。当一束光线进入各相同性的均匀介质中，光速不随传播方向而改变，因此各方向都具有相同的折射率。而对于各相异性的晶体来说，其光学性质是随方向而异的。当光线通过它时，就会分解为振动平面互相垂直的光，它们的传播速度除光轴外，一般是不相等的，于是就产生两条折射率不同的光线，这种现象称为双折射。晶体的一切光学性质都是和双折射有关的。

高分子材料在熔融和无定形时呈光学各向同性，即各方向折射率相同。只有一束与起偏镜振动方向相同的光通过，而该束光完全不通过检偏镜，因而视野全暗。但当高分子材料存在晶态或取向时，光学性质随方向而异，当晶体的振动方向与上下偏振镜方向不一致，则视野明亮，可以观察到结构形态。

图 9-1 中 $P—P$ 代表起偏镜的振动方向，用 $A—A$ 代表检偏镜的振动方向，如果光线与 $P—P$ 不一致，设 $N—N$ 与 $P—P$ 的夹角为 α。光进入起偏镜后透出的平面偏振光的振幅为 OB。光继续射到晶体上，由于 $M—M$、$N—N$ 与 $P—P$ 都不一致，因而将矢量分解到这两振动面上，N 方向和 M 方向的光矢量分别为 OD 和 OE。自晶体透出的平面偏光继续射到检偏镜上，由于 $A—A$ 与 $M—M$、$N—N$ 也不一致，故再次将每一平面偏光一分为二。最后在 $A—A$ 面上的光为方向相反、振幅相同的 OG、OF，最终透过检偏镜的合成波为：

$$Y=OF-OG=OD\sin\alpha-OE\cos\alpha$$

由于这两束光速度不等，会存在相位差 δ。

$$OD=OB\cos\alpha=A\sin\omega t\cos\alpha$$

$$OE=OB\sin\alpha=A\sin(\omega t-\delta)\sin\alpha$$

所以

$$Y=A\sin 2\alpha\sin\frac{\alpha}{2}\cos\left(\omega t-\frac{\alpha}{2}\right)$$

光的强度与振幅的平方成正比，所以合成光的强度 I 为

$$I=A^2\sin^2 2\alpha\sin^2\frac{\alpha}{2}$$

式中，A 为入射光的振幅，α 是晶片内振动方向与起偏镜方向的夹角，转动载物台可以改变 α，当 $\alpha=\pi/4$，$3\pi/4$，$5\pi/4$，$7\pi/4$，…时，光的强度最大，视野最亮。如果晶体切面内的两振动方向与上下偏光镜的振动方向成 45°，此时晶体的亮度最大，当 $\alpha=0$，$\pi/2$，π，$3\pi/2$，…时，$I=0$，视野全黑。如果晶体切面内的振动方向与起偏镜（或检偏镜）的振动方向平行时，即 $\alpha=0$，则晶体全黑，当晶体的轴和起偏镜的振动方向一致时，也出现全黑现象。

在正交偏光镜下，晶体切面上的光的振动方向与 $A—A$，$P—P$ 平行或近于平行，将产生消光或近于消光，故形成分别平行于 $A—A$，$P—P$ 的两个黑带（消光影），它们互相正交而构成黑十字，即马尔他十字（Maltese cross）干涉图。如图 9-2、图 9-3 所示。

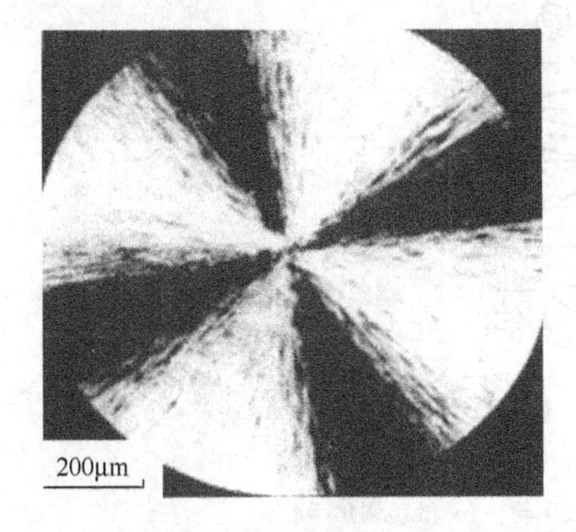

图 9-2　全同立构聚苯乙烯球晶的偏光显微镜照片

图 9-3　聚乙烯醇的偏光显微镜照片

用偏光显微镜观察聚合物球晶，在一定条件下，球晶呈现出更加复杂的环状图案，即在特征的黑十字消光图像上还重叠着明暗相间的消光同心圆环，这可能是晶片周期性扭转产生的，如图 9-4 所示。

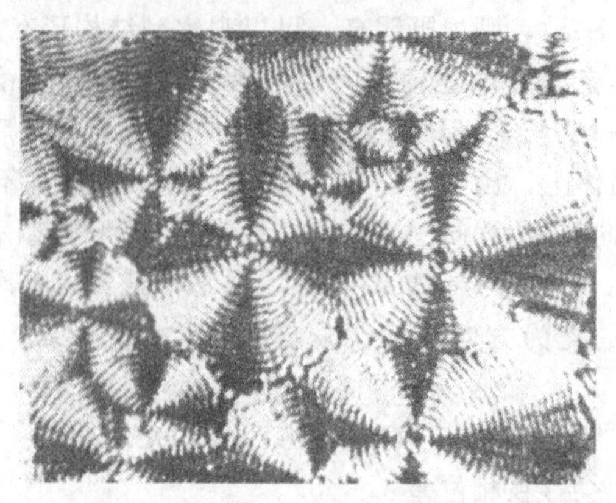

图 9-4 带消光同心圆环的聚乙烯球晶偏光显微镜照片

三、仪器和试剂

1. 仪器

偏光显微镜 1台 载玻片

冷热台 1台

2. 试剂

聚丙烯 聚乙烯

四、实验步骤

1. 依次打开电源，偏光显微镜（图 9-5）、冷热台和电脑，选择快捷方式 Linksys32。

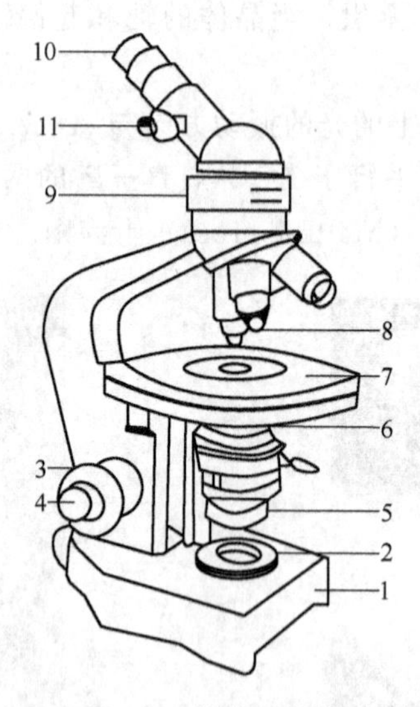

图 9-5 偏光显微镜

1—仪器底座；2—视场光阑；3—粗动调焦手轮；4—微动调焦手轮；
5—起偏器；6—聚光镜；7—载物台；8—物镜；9—检偏器；
10—目镜；11—勃氏镜调节手轮

2. 聚合物样品的制备

熔融法制备聚合物球晶。首先把已洗干净的载玻片、盖玻片、干净的砝码放在恒温熔融炉内，在选定温度（一般比熔点高 30℃）下恒温 5min，然后把少许聚合物（几毫克）放在载玻片上，盖上一个盖玻片，整个置于热台上加热使高分子样品充分熔融后（样品可以流动），压上砝码，轻轻压试样使之展开成膜并除去气泡，再恒温 5min，然后自然冷却到室温。为了使晶体长得更完整，在稍低于熔点的温度恒温 30～40min 后取出，再自然冷却至室温。

溶液法制备聚合物球晶试样。先把高分子试样溶于适当的溶剂中，然后缓慢冷却，吸取几滴溶液，滴在载玻片上，用另一清洁盖玻片盖好，静置于有盖的培养皿中（培养皿放少许溶剂使保持有一定溶剂气氛，防止溶剂挥发过快），让其自行缓慢结晶。或把聚合物溶液注在与其溶剂不相溶的液体表面，让溶剂缓慢挥发后形成膜，然后用玻片把薄膜捞起来进行观察。

3. 选择合适的放大倍数的目镜和物镜，目镜需带有分度尺。把载物台显微尺放在载物台上，调节焦距至显微尺清晰可见，调节载物台使目镜分度尺与显微尺基线重合。显微尺长 1.00mm，等分为 100 格，观察显微尺 1mm 占分度尺几十格，即可知分度尺 1 格为多少毫米。

4. 将制备好的样品放在载物台上，在正交偏振条件下观察球晶形态，读出相邻两球晶中心连线在分度尺上所占的格数，将格数乘以 mm/格，即可得到被测球晶半径的大小。

五、实验结果与处理

1. 观察球晶的形成，黑十字消光环。

2. 计算球晶的直径。

六、思考题

结合实验讨论影响球晶生长的主要因素和实验中应注意的问题。

七、参考文献

[1] 韩哲文. 高分子科学实验. 上海：华东理工出版社，2005.

[2] 张兴英，李齐方. 高分子科学实验. 2 版. 北京：化学工业出版社，2007.

[3] 卿大咏，何毅，冯茹森. 高分子实验教程. 北京：化学工业出版社，2011.

实验 10　扫描电子显微镜观察聚合物的形态结构

扫描电子显微镜是 1965 年发明的一种多功能电子显微镜分析仪器，主要是利用二次电子信号成像来观察样品的表面形态，即利用极狭窄的电子束去扫描样品，通过电子束与样品的相互作用产生各种效应，其中主要是样品的二次电子发射获得样品的放大像。扫描电镜观察样品形态具有制样方便、放大倍数连续调节范围大、分辨率高、景深大等特点，尤其适合于观察比较粗糙的表面，如材料断口和显微组织三维形态，在科研和工业领域具有广泛应用。

一、实验目的

1. 了解扫描电镜的基本结构及工作原理。

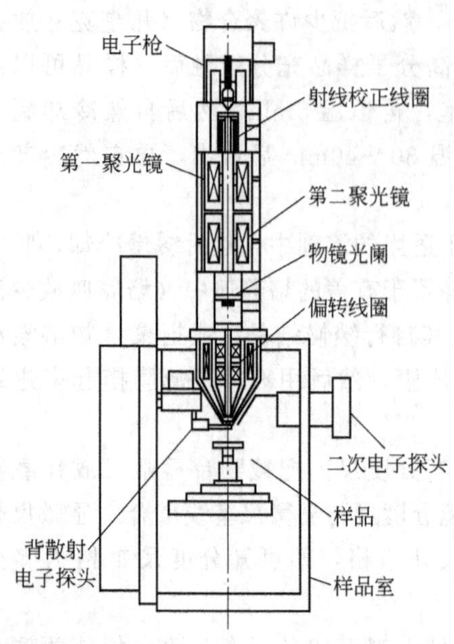

图 10-1 扫描电镜结构示意图

2. 掌握扫描电镜样品的制备方法；掌握通过扫描电镜观察聚合物形态结构的基本操作。

二、实验原理

1. 扫描电镜的工作原理

扫描电镜是用聚焦电子束在试样表面逐点扫描成像，依次记录每个点的二次电子、背散射电子或X射线等信号强度，经放大后调制显像管上对应位置的光点亮度得到样品的表面形貌。而利用特征X射线则可以分析样品微区化学成分。

如图 10-1 所示，由电子枪阴极灯丝发射的能量为5～35keV电子束，受到阳极的1～40kV高压的加速射向镜筒，经过第一、第二两个电磁透镜会聚，再经末级透镜聚焦，成为一束具有一定能量、束流强度和束斑直径的微细电子束（称之为电子探针或一次电子）射到样品上。在扫描线圈驱动下，于试样表面按一定时间、空间顺序作栅网式扫描，电子束与样品相互作用将产生多种信号，其中最重要的是二次电子。二次电子发射量随试样表面形貌而变化。对二次电子、背散射电子的采集，可得到有关物质微观形貌的信息；对X射线的采集，可得到物质化学成分的信息。这些二次电子信号被探测器依次接收转换成电讯号，经信号放大处理系统（视频放大器）输入显像管的控制栅极。由于控制镜筒入射电子束的扫描线圈的电路同时也控制显像管的电子束在屏上的扫描，因此，两者是严格同步的，并且样品上被扫描的区域与显像管的屏是点点对应的。在样品上任何一点上的二次电子发射的强度变化将表现为在屏上对应点的亮度的变化，从而得到反映试样表面形貌的二次电子像。图 10-2 是交联聚苯乙烯微球的 SEM 照片。

图 10-2 交联聚苯乙烯微球的 SEM 照片

扫描电镜观察聚合物形貌具有如下的特点：①分辨率高，一般可达 3.5～6nm；②放大倍数变化范围大，一般为 15～200000 倍；③景深大，三百倍于光学显微镜，适用于粗糙表面和断口的分析观察。图像富有立体感、真实感、易于识别和解释；④样品制备简单，操作方便；⑤可进行多种功能的分析。与X射线谱仪配接，可在观察形貌的同时进行微区成分分析；配有光学显微镜和单色仪等附件时，可观察阴极荧光图像和进行阴极荧光光谱分析等。

2. 扫描电镜的基本结构

扫描电子显微镜由电子光学系统、扫描系统、信号检测和放大系统、图像显示和记录系统和真空-冷却水系统组成。

（1）电子光学系统 包括电子枪；聚光镜（第一、第二聚光镜和物镜）；物镜光阑。电子枪提供一个稳定的电子源，形成电子束，一般使用钨丝阴极电子枪，用直径约为 0.1mm

的钨丝。当灯丝电流通过时，灯丝被加热，达到工作温度后便发射电子。在阴极和阳极间加有高压，这些电子则向阳极加速运动，形成电子束。电子束在高压电场作用下，被加速通过阳极轴心孔进入电磁透镜系统。该系统由聚光镜和物镜组成，其作用是依靠透镜的电磁场与运动电子相互作用使电子束聚焦（将电子枪发射的约 10～50μm 的电子束压缩成 5～20nm）。聚光镜可以改变入射到样品上电子束流的大小，物镜决定电子束束斑的直径。电子光学系统中存在球差、色差、像散，最终影响图像的质量。球差的产生是远离光轴轨迹上运动的电子比近轴电子受到的聚焦作用更强。克服的方法是在电子光学的光轴中加三级固定光阑挡住发散的电子束，物镜产生的像散器提供一个与物镜不均匀磁场相反的校正磁场，使物镜最终形成一个对称磁场，产生一束细聚焦的电子束。

（2）扫描系统　主要包括扫描信号发生器，扫描偏转线圈和放大倍率变换器。扫描信号发生器由 X 扫描发生器和 Y 扫描发生器组成，产生不同频率的锯齿波信号同步地送入镜筒中的扫描线圈和显示系统中的扫描线圈上。镜筒的扫描线圈分上、下双偏转扫描装置。其作用是使电子束正好落在物镜光阑孔中心，并在样品上进行光栅扫描。配置附件可对下扫描线圈加以控制，开展选区电子通道花样的工作。扫描方式分点扫描、线扫描、面扫描和 Y 调制扫描。扫描电镜图像的放大倍率是通过改变电子束偏转角度来调节的。放大倍数等于 CRT（Cathode Ray Tube）面积与电子束在样品上扫描面积之比，减小样品上扫描面积，就可增加放大倍率。

（3）信号探测放大系统　探测二次电子、背散射电子等电子信号。高能电子束与样品相互作用产生各种信息，包括二次电子、背散射电子、吸收电子、透射电子、阴极发光或特征 X 射线等，在扫描电镜中采用不同的探测器接收这些信号。这里主要介绍二次电子信号的接收和成像原理。二次电子探测系统包括静电聚焦电极（收集极），闪烁体探头，光导管，光电倍增管和前置放大器。二次电子在收集极的作用下被引导到探测器打在闪烁体探头上，探头表面喷涂厚约数百埃金属铝膜及荧光物质。在铝膜上加 10kV 高压，以保证静电聚焦极收集到的绝大部分电子落到闪烁体探头顶部。在二次电子轰击下闪烁体释放出光子束，它沿着光导管传到光电倍增管的阴极上。光电阴极把光信号转变成电信号并加以放大输出，进入视频放大器直至 CRT 的栅极上。显示屏上信号波形的幅度和电压受输入二次电子信号强度调制，从而改变图像的反差和亮度。一般的扫描电镜二次电子探测器均在物镜下面，当样品置于物镜内部时，焦距极短，使像差达到最小的程度，从而得到高的分辨率图像，二次电子分辨率可达 3.5nm。

（4）图像显示和记录系统　将信号收集器输出的信号成比例地转换为阴极射线显像管电子束强度的变化，这样就在荧光屏上得到一幅与样品扫描点产生的某一种物理讯号成正比例的亮度变化的扫描像，或者用照相的方式记录下来。早期采用显像管、照相机等。数字式 SEM 采用电脑系统进行图像显示和记录管理。

（5）真空系统　主要包括真空泵和真空柱两部分。真空泵用来在真空柱内产生真空。有机械泵、油扩散泵以及涡轮分子泵三大类，机械泵加油扩散泵的组合可以满足配置钨枪的 SEM 的真空要求，但对于装置了场致发射枪或六硼化镧枪的 SEM，则需要机械泵加涡轮分子泵的组合。真空柱是一个密封的柱形容器。成像系统和电子束系统均内置在真空柱中。真空柱底端即为密封室，用于放置样品。

真空系统在电子光学仪器中十分重要，扫描电镜要求其真空度高于 10^{-3}～10^{-5}Pa，否则会导致：电子枪灯丝的寿命缩短；电子束的被散射加大；产生虚假的二次电子效应，从而影响成像质量；使透镜光阑和试样表面受碳氢化物的污染加速等。

3. X射线能谱分析系统

这是一个在扫描电镜中的附加系统。当用高压加速后的电子去轰击试样，将内层电子激发出去而产生内层电子空位，外层电子就会向该能级跃迁。此过程中释放出来的光子能量就等于电子跃迁激发前后所处能级的能量差。这类电子跃迁所释放出的光子波长属于X射线波段，因此，这种能谱分析确定化学成分的方法称为X射线能谱分析。在样品室中装入X射线接受系统，通过检测样品发出的X射线的特征波长即可测定样品中元素的成分与含量。包括定性分析和定量分析。定性分析又分为点分析、面分析和线分析。

(1) 点分析　将电子束固定在所需分析的微区上，几分钟即可直接从显示屏上得到微区内全部元素的谱线。

(2) 线分析　将能谱仪固定在所要测量的某一元素特征X射线信号能量的位置上，把电子束对着指定的方向作直线轨迹扫描，便可得到这一元素沿直线的浓度分布曲线，改变能谱仪的位置，便可得到另一种元素的浓度分布曲线。

(3) 面分析　电子束在样品表面作光栅扫描时，把能谱仪固定在某一元素特征X射线信号的位置上，此时，在荧光屏上便可得到该元素的分布图像，移动位置，便可获得另一种元素的浓度分布图像。

三、仪器和试剂

JSM-5610 LV扫描电镜	1台
JFC-1600离子溅射仪	1台
银导电胶、双面胶	各1卷
X射线能谱仪：Phoenix（分辨率：129ev）	1台
JFC-1600型和JEE-420真空喷镀仪	
聚苯乙烯粉末样品、块状样品	
无水乙醇	A. R.

四、实验步骤

1. 样品制备

试样可以是块状或粉末颗粒，在真空中能保持稳定。凡具有挥发性、腐蚀性及含有水分的样品绝不可进入样品室。所有样品必须用导电胶牢固地粘接在样品台上，不得有任何物质散落在样品室。试样大小要适合样品台的尺寸，一般为3～5mm，样品的高度也有一定的限制，一般在5mm以内。凡非导电材料必须经过导电处理。对磁性试样要预先去磁，以免观察时电子束受到磁场的影响。

(1) 固体样品　将样品用双面胶带或导电胶固定于样品台上，非导电样品需要喷镀金或铂导电层。

(2) 粉末样品　将样品均匀洒落在贴有双面胶带的样品台上，用洗耳球吹去未粘牢的颗粒，非导体样品需要喷镀金或铂导电层。

(3) 生物样品　经干燥、脱水并进行固定，然后进行喷镀处理。

2. 真空镀膜

对于非导电样品，用导电胶固定在样品台上，放入真空镀膜机或离子溅射仪中喷镀上一层厚约 5nm 的金膜后方可观察。因为当入射电子束轰击非导电样品时，会使表面积聚电荷，扫描结束时会产生无规律的放电现象，即“电荷效应”。为了消除电荷效应，增加样品导电能力，同时提高样品表面二次电子发射率，增强二次电子成像的衬度，提高图像清晰度，需对样品镀膜，使其表面覆盖一薄层金属膜。这层薄膜与样品表面的凹凸形态完全一致，使标本表面的形貌得以反映。常用的金属有金、铂、钼或金/铂、铂/铯合金。

镀膜的方法有真空镀膜法和离子溅射法。

(1) 真空喷镀 真空喷涂一般是在镀膜机中进行，在真空度为 $10^{-4}\sim10^{-5}$ Pa 的条件下，将待喷涂金属加热熔化，蒸发喷涂在样品的表面。

(2) 离子溅射 常用的离子溅射方法是二极管直流溅射。整个溅射单元装在低真空度 (5×10^{-2} Pa) 的氩气氛中，在 A、B 两电极间加 1～3kV 直流高压，使氩气电离，出现辉光放电。在高压电场作用下，氩离子撞向负电极，使靶原子被撞出并溅落在阳极的样品表面，从而使样品表面均匀镀上一层金属膜。常用的阴极靶为金靶。

3. 开机

(1) 打开循环冷却水主机电源，听到冷却水主机循环泵启动声音后，打开电镜主机输入电源，打开稳压电源。

(2) 将电镜主机钥匙向右旋至“Start”位置，稍作停顿，将钥匙松开，此时钥匙自动回到“on”的位置。至此主机即被启动，真空系统开始工作。

(3) 等待 10s，打开计算机。双击桌面的电镜主机应用程序 [JEOL · SEM]。主机开启后约 20min 仪器自动抽高真空，真空度达到后，进入工作状态。

4. 放入样品并进行图像观察

(1) 主机开始工作后，点击屏幕右上方“Sample”按钮，打开“Specimen Exchange”窗口，点击“Vent”按钮，将样品室放气至大气压。

(2) 将样品台固定在样品座上，注意样品表面要与样品座表面相平。打开样品室，将样品座放入，注意样品座底部燕尾槽与大样品台中央突起相配合，关上样品室。

(3) 点击屏幕右上方“Sample”按钮，打开“Specimen Exchange”窗口，点击“Evac”按钮，将样品室抽真空。

(4) 点击屏幕右上方“Stage”，打开“Stage Control”窗口，点击“Initial position”打开新窗口，点击“Go”将样品台初始化。

(5) 加速电压选择 20kV 左右，电子束流“Spotsize”选 20～30，调节 Z 轴至合适位置，工作距离一般选在 10～20mm，选择合适的物镜光阑位置，一般选 2。

(6) 当屏幕左上方显示“HT Ready”后点击该按钮，变为“HT On”，即加上高压，电子束打在样品台上。

(7) 通过配合移动 Stage Driver 将载物台向 X 轴和 Y 轴方向移动，从而移动样品。点击自动对比度按钮“ACB”，进行自动亮度调节，点击自动聚焦按钮“AFC”，进行自动聚焦。再分别手动调节聚焦按钮和像散按钮“Focus”、“Stigm X”、“Stigm Y”得到最清晰图像。点击“Scan 3”和“Freeze”按钮，将图像锁定、存盘。先在低倍下观察样品的形态全貌，然后调节放大倍数观察聚合物的精细结构。

5. 关机

(1) 将样品放大倍数调到最小，点击屏幕左上方“HT On”按钮，变为“HT Ready”，即关上高压，关上电子束。

(2) 点击屏幕右上方“Sample”按钮，打开“Specimen Exchange”窗口，点击“Vent”按钮，将样品室放气至大气压，取出样品。然后点击“Evac”按钮，将样品室抽真空。

(3) 点击［EXIT］退出扫描电镜应用程序，回到主桌面，关闭计算机。

(4) 待真空抽好后，将电镜主机开关钥匙向左旋至“OFF”位置，关闭主机输入电源开关。

(5) 等待15min后关掉循环水，关掉总电源。

五、注意事项

(1) 保持仪器操作台面整洁，不允许身体倚靠，循环水机等装置不可放置重物。

(2) 开机时一定要先开冷却水系统，并要检查冷却水的温度，关机至少15min后才能关闭冷却水。

(3) 样品只有在加速电压关闭的情况下才可取出，不作样品扫描时要关闭高压（注意：切不可在灯丝电流为零之前关高压!）。进样品时，缓缓关闭样品室，确保进样仓门彻底关闭，才可点击EVAC按钮抽气。

(4) 放气时HT必须处于关闭状态，必须等待120s后才可轻轻拉开样品交换仓的门。

六、实验结果处理

将拍摄的图片打印出来，仔细观察并对其进行形态分析。

七、思考题

1. 讨论扫描电镜在高聚物形态结构研究中的作用和特点。
2. 扫描电子显微镜中的入射电子束打在样品表面会产生哪几种电子？

八、参考文献

［1］何曼君等. 高分子物理. 3版. 上海：复旦大学出版社，2008.
［2］冯开才等. 高分子物理实验. 北京：化学工业出版社，2004.

实验11 比表面积及孔度分析

比表面积是指1g固体物质的总表面积，即物质晶格内部的内表面积和晶格外部的外表面积之和。是评价粉末及多孔材料的活性、吸附、催化等多种性能的一项重要参数。多孔材料比表面积及孔分布的测定在科研和工业生产中越来越引起人们的重视。

一、实验目的

1. 了解BET多分子层吸附理论的基本假设。
2. 了解氮气吸附法测定聚合物的比表面积的原理。
3. 掌握比表面积及孔度分析仪的使用方法。

二、实验原理

BET法的原理是物质表面（颗粒外部和内部通孔的表面）在低温下发生物理吸附，假定固体表面是均匀的，所有毛细管具有相同的直径；吸附质分子间无相互作用力；可以有多分子层吸附且气体在吸附剂的微孔和毛细管里会进行冷凝。多层吸附是不等第一层吸满就可有第二层吸附，第二层上又可能产生第三层吸附，各层达到各层的吸附平衡时，测量平衡吸附压力和吸附气体量。所以吸附法测得的表面积实质上是吸附质分子所能达到的材料的外表面和内部通孔总表面之和。

气体吸附法孔径分布测定利用的是毛细冷凝现象和体积等效交换原理，即将被测孔中充满的液氮量等效为孔的体积。毛细冷凝指的是在一定温度下，对于水平液面尚未达到饱和的蒸气，而对毛细管内的凹液面可能已经达到饱和或过饱和状态，蒸气将凝结成液体的现象。由毛细冷凝理论可知，在不同的 p/p_0 下，能够发生毛细冷凝的孔径范围是不一样的，随着值的增大，能够发生毛细冷凝的孔半径也随之增大。对应于一定的 p/p_0 值，存在一临界孔半径 R_k，半径小于 R_k 所有孔皆发生毛细冷凝，液氮在其中填充。临界半径可由凯尔文方程给出：$R_k=-0.414/\lg(p/p_0)$，R_k完全取决于相对压力 p/p_0。该公式也可理解为对于已发生冷凝的孔，当压力低于一定的 p/p_0 时，半径大于 R_k 的孔中凝聚液气化并脱附出来。通过测定样品在不同 p/p_0 凝聚氮气量，可绘制出其等温脱附曲线。由于其利用的是毛细冷凝原理，所以只适合于含大量中孔、微孔的多孔材料。

美国 Micromeritics 公司生产的 ASAP2020 比表面及孔隙度分析仪，借助于气体吸附原理（典型为氮气）来测定样品的气体吸附等温线，然后根据所得的吸附等温线数据，分别依据相应的原理来求取样品的比表面积及孔径分布等。ASAP2020 分析仪可以测试粉状、粒状及块状样品，测试范围广阔，包括沸石、碳材料、分子筛、二氧化硅、氧化铝、土壤、黏土、有机金属化合物骨架结构等各种材料。气体吸附法一般测量的比表面积为 0.0005m^2/g 至无上限，孔径分析范围 0.35～500nm。其外观如图 11-1 所示。

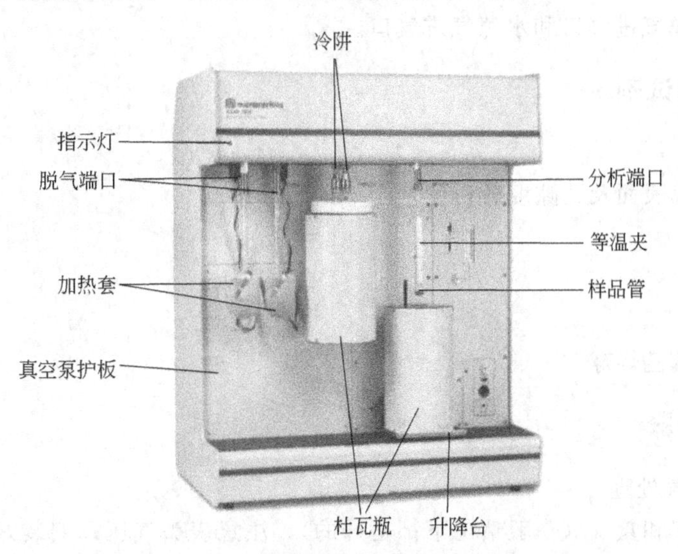

图 11-1　ASAP2020 比表面及孔隙度分析仪示意图

样品在测试时首先要经过脱气处理。由于吸附法测定的关键是吸附气体分子“有效地”吸附在被测样品的表面或填充在孔隙中，因此样品表面是否干净至关重要。对样品进行脱气处理可以让非吸附质分子占据的表面尽可能地被释放出来。一般情况下，真空脱气分两步，100℃左右脱除的是表面吸附的水分子，350℃左右脱除的是各种有机物，可根据样品的情况选择合适的脱气温度。为了避免难挥发的有机分子进入真空管道造成污染，样品在测试之前最好经过煅烧或者萃取、干燥处理。特殊样品应用特殊的方法进行脱气，对于含微孔或吸附特性很强的样品，常温常压下很容易吸附杂质分子，有时需要通入惰性保护气体，以利于样品表面杂质的脱附。ASAP2020分析仪配备有两套真空系统，即脱气系统和分析系统相互独立，各自有一套独立的双级机械泵（高真空系统分析站还配备了分子涡轮泵），提高了测试效率，真正做到分析与脱气的同时进行，避免了由一套真空系统而带来的污染问题。

通常待测样品能提供40～120m^2表面积最适合氮吸附分析。如果过少会使分析结果不稳定或者吸附量出现负值，导致软件会认为是错误的值而不产生分析结果；过多则会延长分析时间。对于比表面积很小的样品，要尽量多称，但最好不要超过样品管底部体积的一半。准确称量样品管质量和脱气后总质量可得到样品的真实质量。为了提高测试精度，可预先将空样品管在脱气站上进行脱气，记下脱气后的质量，这样可以保障样品脱气后减掉空管质量时管内气体前后一致，以减小测量误差。

分析系统是ASAP2020分析仪的核心系统，主要由压力传感器、温度传感器、气动阀以及气体管路等组成，分析过程采用静态吸附平衡体积法来测定样品的吸附等温线。测定时需要在吸附气体的气液两相平衡温度下进行，ASAP2020分析仪用的分析气体为氮气，因此分析过程需要利用液氮来实现气液两相平衡温度所需的低温（77.3K）。分析过程中样品管浸没在装有液氮的杜瓦瓶中，从而实现低温。此外，分析仪还配置了液氮液面保持装置——液氮等温夹，以确保整个分析过程中等温夹套以下的温度恒定。

ASAP2020分析仪的供气系统主要由高压氮气和高压氦气组成，氦气主要用来测定样品管的空体积；氮气是分析中所用的吸附质气体，供气纯度在99.99%以上。分析仪共配备了六路物理吸附进气口，以便进行不同的气体分析时无须更换气路。除此之外，还配备了自由空间进气口、回填气进气口和水蒸气进气口。

三、仪器和试剂

1. 仪器

ASAP2020比表面及孔隙度分析仪	1台
电子天平	1台
样品管	2支

2. 试剂

氯甲基化聚苯乙烯球

四、实验步骤

1. 样品的脱气处理

(1) 打开氮气和氦气（一般情况下都是开的），注意表头气压；安装好加有合适量液氮的冷阱杜瓦瓶。

(2) 依次打开电源、电脑、ASAP2020比表面及孔隙度分析仪，选择快捷方式ASAP2010。

(3) 准确称量0.3g氯甲基化聚苯乙烯球于样品管中，将装有样品的样品管垂直装到样品处理口，装好加热套和夹子。根据样品性质调整Degas系统的Vacuum参数，在主菜单中打开File，选择Open，再选择Sample information，此时出现“Open Sample Information

File”对话框。在 Sample Information 中填写：样品的性质、样品的准确质量。选择数据采集方式为 Automatically Collected。

2. 样品分析

（1）本系统的样品管配有填充棒，如果待测定样品的总比表面积小于 $100m^2$，最好选用填充棒以减小自由空间，使测定更准确。对总比表面积大于 $100m^2$ 的样品，则不必选用填充棒。

（2）在样品管外套上保温套（套至球部），垂直安装在分析系统口，装好保温泡沫盖，使 P_0 管紧贴样品管。

（3）在分析用液氮杜瓦瓶中装入液氮，然后将液氮瓶小心放置到液氮瓶升降架上，使瓶口与样品管垂直正对。

（4）进入 ASAP2020 后，屏幕显示分析系统示意图。在主菜单中打开 Analysis，找出已设定好分析条件的样品文件，选择 OK，仪器开始自动进行分析。

（5）分析过程完全结束后（仪器状态为 Idle 时），取下样品管（在分析口装上玻璃封口塞），回收样品，准备进行下一个样品的分析。

五、实验结果与处理

1. ASAP2010 系统软件可得到多种报告：

◆ Summary report for area，volume and average pore size
◆ Elapsed-time analysis log showing recorded data
◆ BET surface area
◆ Langmuir surface area
◆ Micropore analysis by t-Plot using the Halsey thickness equation
◆ Micropore analysis by t-Plot using the Harkins and Jura（deBoer）thickness equation
◆ BJH adsorption pore distribution
◆ BJH desorption pore distribution

2. 可获得的曲线关系图有：

◆ Isotherm of volume adsorbed vs. relative pressure
◆ BET plot showing BET transformation vs. relative pressure
◆ t-Plot by Halsey thickness equation
◆ t-Plot by Harkins and Jura（deBoer）thickness equation
◆ Cumulative adsorption（or desorption）pore volume
◆ dV/dD adsorption（or desorption）pore volume
◆ dV/dlog（D）adsorption（or desorption）pore volume
◆ Cumulative adsorption（or desorption）pore area
◆ dA/dD adsorption（or desorption）pore area
◆ dA/dlog（D）adsorption（or desorption）pore area

3. ASAP2020 系统软件可进行不同样品的谱图叠加对比，或同一样品不同谱图的叠加对比，使对所得数据的分析和研究更为方便。

六、思考题

1. 试述样品处理的目的。

2. 如果在实验结果中发现所得数据偏小，致使无数据显示，试分析导致这种现象发生的原因？

七、参考文献

[1] 陈厚等. 高分子材料分析测试与研究方法. 2版. 北京：化学工业出版社，2018.
[2] 陈金姝，张健. 分析仪器，2009，3，61.

实验12 微球粒径及其分布的测定

在现实生活中，很多领域诸如能源、化工、医药、建筑、环保等都与粒度分析息息相关。常用于粒度测定的方法有X射线衍射法、BET测定法、激光粒度分布仪测定法及透射电镜与扫描电镜测定法。能直观提供形貌分析信息的只有透射电镜与扫描电镜测定法，但其设备成本高，同时对不导电的样品还需要喷金，这使其测试成本偏高。而且操作繁琐，耗时较长。若在没有其他测试信息条件下时，需进行大量的电镜测试，这势必造成研究资源的浪费。随着现代新兴科技的发展，激光和微电子技术被应用到粒度测量领域，完全克服了传统方法所带来的弊端，在大大减轻劳动强度的同时，加快了样品的检测速度，提高了检测结果的质量。另外，它的测试不同于扫描电镜的选区观察，因而其测试结果更具有代表性。本实验主要利用激光粒度仪测定高分子材料的粒度及其分布。

一、实验目的

1. 了解激光粒度仪的工作原理及组成。
2. 了解激光粒度仪的使用及操作。
3. 测定交联聚苯乙烯微球的尺寸及粒度大小分布。

二、实验原理

由于激光具有很好的单色性和极强的方向性，所以在没有阻碍的无限空间中激光将会照射到无穷远的地方，并且在传播过程中很少有发散的现象。如图12-1所示。因此，根据颗粒能使激光产生散射这一物理现象测试粒度分布。激光粒度分析仪是一种比较通用的粒度仪。集成了激光技术、现代光电技术、电子技术、精密机械和计算机技术，具有测量速度快、动态范围大、操作简便、重复性好等优点，现已成为全世界最流行的粒度测试仪器。

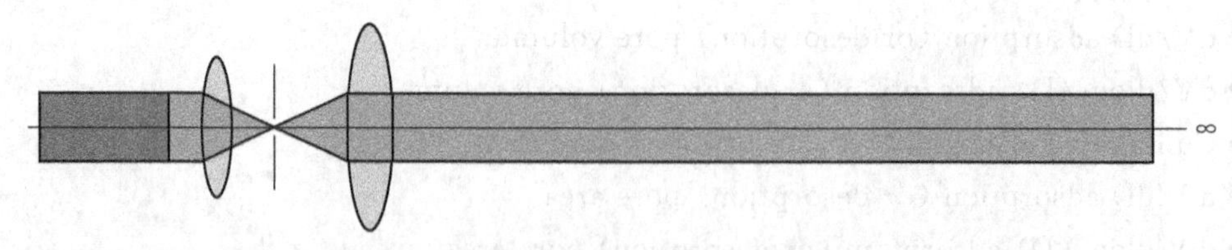

图12-1 激光束在无阻碍状态下的传播示意图

激光粒度测量仪的工作原理基于Fraunhofer衍射和Mie散射理论相结合。颗粒对于入射光的散射服从经典的Mie理论。Mie散射理论认为颗粒不仅是激光传播中的障碍物而且对激光有吸收部分透射和辐射作用，由此计算的光场分布成为Mie散射，Mie散射适用任何大小颗粒，Mie散射对大颗粒的计算结果与Fraunhofer衍射基本一致。通常所说的激光粒度分析仪就是指利用衍射和散射原理的粒度仪。Fraunhofer 衍射适用于被测颗粒的直径远大于入射光的波长时的情况。

仅就某种意义上讲，光散射是一种绝对常量技术，一旦实验设置正确，校准或缩放比例对于获取每种成分的体积（或质量）百分比就不是必要的了。此外，选择正确的光学模型也是测量结果准确性的关键步骤。

图 12-2 为激光衍射粒度分析仪的原理示意图。激光器中的一束窄光束经扩束系统扩束以后，平行的照射在颗粒槽中的被测颗粒群上，由颗粒群产生的衍射光经聚焦透镜汇聚后在其焦平面上形成衍射图。利用位于焦平面上的一种特制的环形光电探测器进行信号的光电转换，然后将来自光电检测器中的信号放大、A/D 变换、数据采集送入到计算机中，采用预先编制的优化程序对计算值与实测值相比较，即可快速地反推出颗粒群的尺寸分布。

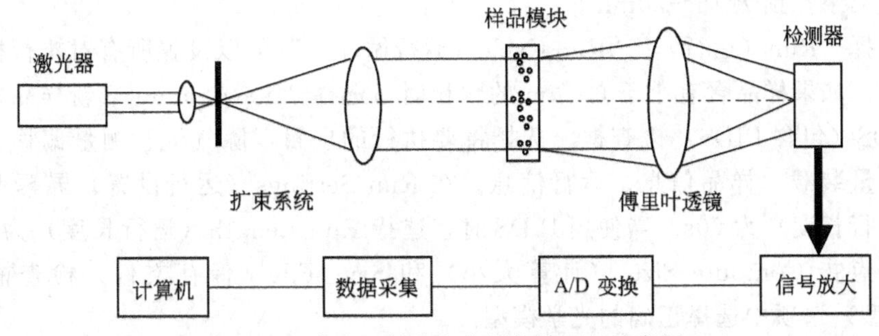

图 12-2　激光衍射粒度分析仪的原理示意图

粒度分布可以比较完整、详尽地描述一个粉体样品的粒度大小，但是由于它太详尽，数据量较大，因而不能一目了然。在大多数实际应用场合，只要确定了样品的平均粒度和粒度分布范围，样品的粒度情况也就大体确定了。

最大粒径是粒度分布曲线中最大颗粒的等效直径。平均粒径是粒度分布曲线中累积分布为 50%时的最大颗粒的等效直径。*D*90 粒径、*D*50 粒径、*D*10 粒径分别是分布曲线中累积分布为 90%、50%、10%时的最大颗粒的等效直径。

在粒度分析过程中，样品制备非常重要，直接影响测量结果的准确性。主要影响因素有取样方式、分散介质、分散剂等。

取样是通过对少量样品测量来代表大量粉体粒度分布状况的，因此要求取样具有充分的代表性。分析样品一般全部放到烧杯等容器中制成悬浮液，悬浮液的量一般不少于 60mL。经分散，搅拌后要转移出一部分到样品槽中做测量用。分散介质是指用于分散样品的液体。粒度分析需要把粉体样品制备成悬浮液试样，所以选择合适的分散介质很重要。首先，所选定的介质要与被测物料之间具有良好的亲和性。其次，要求介质与被测物料之间不发生溶解，不使颗粒膨胀等变化。第三，沉降介质应纯净，无杂质。第四，使颗粒具有适当的沉降速度。常用的沉降介质有水、水＋甘油、乙醇、乙醇＋甘油等。

三、仪器和试剂

LS 13 320 激光衍射粒度分析仪

KQ-100DB 数控超声波清洗器

25mL 烧杯三只

玻璃棒三根
胶头滴管
试样若干

四、实验步骤

1. 粒度分析的样品制备：取少量试样加入适量分散液体，置于超声清洗器内分散至少15min。

2. 仪器使用步骤

（1）启动程序。

（2）选择光学模块。当光学模块驶入光工作台时，光工作台会自动检验该模块。依次选择“RUN（运行）”“Use optical Module（使用光学模块）”。

（3）启动泵，预热15～20min。

（4）选择“Run（运行）”“Run Cycle（运行循环）”可以设置所有对执行样品分析所必需的参数。如果样品含有小于0.4μm的颗粒时，选择“New Sample（新样品）”并选择Include PIDS（包含PIDS）检查框。选择将要执行的项目：除气泡、测量偏移、排列、背景测量、测量装载、样品信息、运行信息。在Run Settings（运行设置）屏幕上选择Run Length（运行长度）为60s。当使用PIDS时，选择Run Length（运行长度）为90s。每次运行之后，点击Compute Sizes（计算大小）和Save File（保存文件）检查框，然后在Model（模型）选项中选择正确的光学模型。

（5）选择“Start（开始）”，系统将自动地按选择的步骤顺序执行。

（6）滴加样品，将处理好的样品滴加到样品台中，遵循少量多次的原则，当遮蔽率达到7%或者PIDS达到40%时，加样完成，选择“开始分析”。

五、实验结果与处理

样品编号	数目分布		体积分布		*D*10	*D*50	*D*90
	平均径	中位径	平均径	中位径			
1							
2							
3							

六、思考题

1. 影响该实验结果精确度的因素有哪些？
2. 激光粒度分布仪测定粒度应注意哪些事项？
3. 粒度分布曲线纵横坐标各表示什么意思？

七、参考文献

[1] 陈厚等. 高分子材料分析测试与研究方法. 2版. 北京：化学工业出版社，2018.
[2] 许并社. 纳米材料及应用技术. 北京：化学工业出版社，2005.
[3] 李群. 纳米材料的制备与应用技术. 北京：化学工业出版社，2010.

第七单元　聚合物热性能分析

实验13　热重分析、差示扫描量热法测定聚对苯二甲酸乙二酯的热性能

热重分析（TG）、差热分析（DTA）和差示扫描量热法（DSC）是热分析中的常用分析技术，主要用来研究物质在加热或冷却过程中所发生的质量变化和热效应，从而研究温度改变时试样所发生的物理化学过程，如化合、分解、脱水、氧化、还原等化学过程，以及相转变、熔融、蒸发、升华等物理过程。热分析可以用于有机、无机、分析、物理化学、高分子、化工和矿物分析等各个领域，因此在科研生产各部门得到越来越广泛的应用。

一、实验目的

1. 了解热重分析、差示扫描量热法的基本原理以及有关仪器的基本构造。

2. 掌握通过热重分析和差示扫描量热法测定聚合物玻璃化温度、熔融温度、分解温度等参数的方法。

二、实验原理

热重分析是将试样在一定的加热速率下连续称重的技术。试样在加热过程中发生物理化学变化时，其质量会减少或增加（一般多为失重），由此可测得质量变化-温度 T（或时间 t）的关系曲线。由质量变化的化学计量关系可以确定变化的性质、产物的组成等。由所得热重曲线可以确定变化发生的温度，说明试样的热稳定性，并可进行动力学参数（活化能和反应级数）的计算。

现代热重分析仪一般由四部分组成，分别是电子天平、加热炉、程序控温系统和数据处理系统。根据测量质量变化的方法不同，热重分析可分为零位法和变位法两种。变位法根据天平梁的倾斜度和质量变化成正比的关系，用差动变压器检测倾斜度，并自动记录；零位法采用差动变压器法、光学法测定天平梁的倾斜度，并用螺线管线圈对安装在天平中的永久磁铁施加力，使天平梁的倾斜复原，所施加的力与质量变化成正比，又与线圈中的电流成正比，因此只需测量并记录电流，便可得到质量变化曲线（TG曲线）。以样品的质量变化速率（dm/dt）对温度 T（或时间 t）作图，即得微分热重曲线（DTG曲线）。

在热重分析测定中，升温速率增快会使测得的分解温度偏高，如果升温速率过快，试样来不及达到平衡，会使两个阶段的变化变成一个阶段，所以升温速率要合适，一般为5～10℃/min。试样的颗粒不宜太大，否则会影响热量的传递。

热重分析在高分子科学中有着广泛的应用，例如，高分子材料热稳定性的评价、共聚物和共混物的分析、材料中添加剂和挥发物的分析、水分的测定、材料氧化诱导期的测定以及使用寿命的预测等。典型的聚合物热重图谱如图13-1所示，试样在424.6℃开始分解，至474.5℃分解终止，质量减少96.34%，通常起始分解温度可以表征聚合物的热稳定性，而DTG峰值则表示试样质量变化速率最大的温度点（455.0℃）。

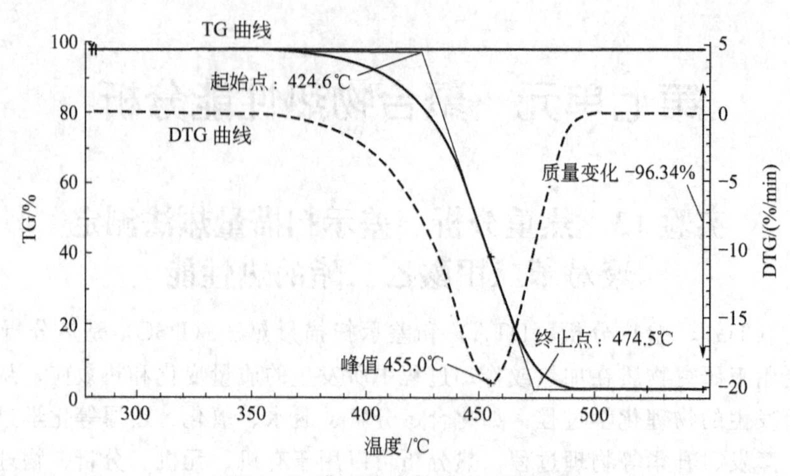

图 13-1 典型聚合物热重图谱示例

在温度改变过程中，物质除了发生质量改变外还会产生各种能量变化，依据这些能量关系可以对试样进行定性和定量分析。如果将试样和一种惰性参比物在相同的条件下加热或冷却，由于试样在特定温度下发生物理化学变化而产生热效应，就会造成试样和参比物之间温度的差异，测量并记录这种温度差，就得到差热分析（DTA）图谱。DTA 能正确测定试样发生物理化学变化时的温度，但试样在产生热效应时，升温速率是非线性的，并且由于与参比物、环境的温度有较大差异，三者之间会发生热交换，降低了对热效应测量的灵敏度和精确度，使得差热技术难以进行 ΔH 的定量分析，只能进行定性或半定量的分析工作。

为了克服差热分析的缺点，在 DTA 基础上改进发展了差示扫描量热法（DSC）。DSC 从仪器原理上分为两类：热流型 DSC 和补偿型 DSC。热流型 DSC 与 DTA 仪器十分相似，样品和参比都在一个加热板上，不同之处在于试样与参比物托架下，置一电热片，加热器在程序控制下对加热块加热，其热量通过电热片同时对试样和参比物加热，使之受热均匀，如图 13-2(a) 所示。相对于 DTA 技术，热流型 DSC 改进了热传递方式，使得热传递稳定性、重现性获得极大的提高，因此可以进行热量的定量测试。补偿型 DSC 试样和参比物分别具有独立的加热器和传感器，如图 13-2(b) 所示，整个仪器由两套控制电路进行监控。一套控制温度，使试样和参比物以预定的速率升温，另一套用来补偿二者之间的温度差，使得试样与参比物之间始终保持温度相同，用记录仪记录补偿能量与温度 T（或时间 t）的关系曲

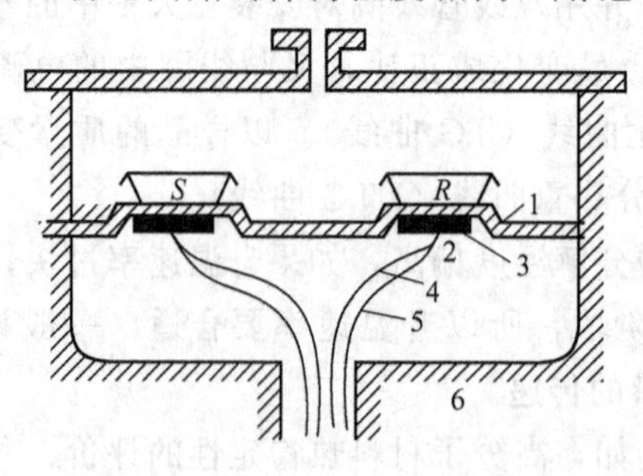

(a) 热流型 DSC 示意图

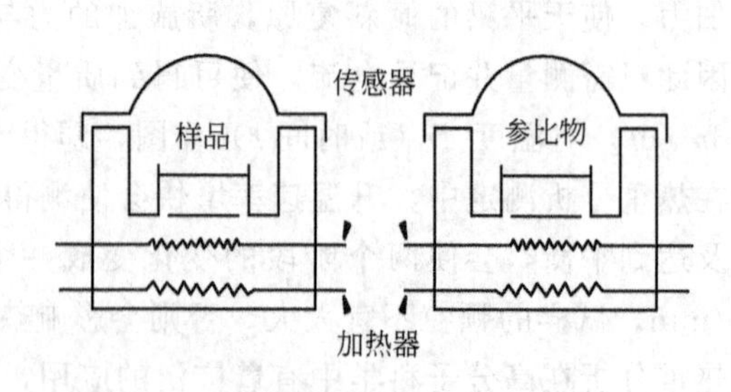

(b) 补偿型 DSC 示意图

1—康铜盘；2—热电偶热点；3—镍铬板；
4—镍铝丝；5—镍铬丝；6—加热块

图 13-2 差热扫描量热法

线，即得 DSC 曲线。由于试样与参比物之间始终无温差、无热交换，试样升温速度始终随炉温线性升温，测量灵敏度和精度大有提高。根据峰面积 S 与热焓的变化 ΔH 成正比，即 $\Delta H=KS$，可计算试样吸热或放热值。式中，K 为与温度无关的仪器常数，可用已知相变热的试样标定得到。

DSC 在高分子方面的应用特别广泛，可以研究聚合物的相转变，测定结晶温度 T_c、熔点 T_m、结晶度 X_D、玻璃化转变温度 T_g 等参数，并可研究聚合、交联、氧化、分解等反应，测定反应温度、反应热、反应动力学参数等。

影响 DSC 测定的因素可以从仪器和操作两方面分析，主要有：

1. 参比物的选定：参比物必须在测定的温度范围内保持热稳定，应尽量采用与待测试样的热容、导热系数及颗粒度相近的物质，以便提高测试的精确度。常用的参比物有 α-Al_2O_3、ZrO_2、MgO、SiO_2 等。

2. 试样因素：试样量少，则峰小而尖锐，分辨率高；试样量多，则峰大而宽，相邻峰会发生重叠，峰的位置会移向高温方向。在仪器灵敏度许可的情况下，试样应尽可能少。在测 T_g 时，由于热容变化小，试样的量要适当多一些。试样的粒度对表面反应或受扩散控制的反应影响较大，粒度小，使峰移向低温方向。试样的装填方式也很重要，因为这影响到试样的传热情况。在测试聚合物的玻璃化转变和相转变时，最好采用薄膜或细粉状试样，并使试样铺满坩埚底部，加盖压紧。

3. 气氛因素：为防止试样受热时在空气中氧化，可采用氮气或其他惰性气体气氛。对于聚合物的玻璃化转变和相转变测定，气氛影响不大，但一般都采用氮气。

4. 升温速率：升温速率对 T_g 测定影响较大，因为玻璃化转变是一松弛过程，升温速度太慢，转变不明显，甚至观察不到；升温太快，转变明显，但 T_g 移向高温。升温速率对峰的形状也有影响，升温速率慢，峰尖锐，分辨率好。而升温速度快，基线漂移大。一般采用 5～20℃/min。

图 13-3 是聚合物 PET 的 DSC 图谱，当温度达到玻璃化转变温度时，试样的热容增大，需要吸收更多的热量，使基线发生位移。温度升高到结晶温度时，试样放出大量的结晶热而产生一个放热峰。进一步升温，结晶熔融吸热，出现吸热峰。

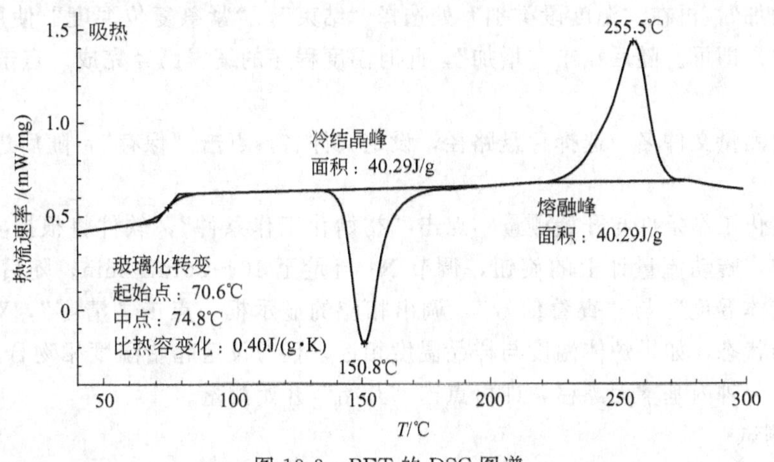

图 13-3 PET 的 DSC 图谱

在实际测试过程中，可以采用同步热分析技术，在程序控制温度下，对一个样品同时进行热重分析和差示扫描量热分析，同时得到物质在质量与焓值两方面的变化情况。本实验通过耐驰 STA409PC 同步热分析仪测定聚对苯二甲酸乙二酯的 TG 和 DSC 曲线。

三、仪器和试剂

1. 仪器

耐驰 STA409PC 同步热分析仪　　1 台　　电子天平　　1 台

2. 试剂

聚对苯二甲酸乙二酯

四、实验步骤

1. 开机

打开恒温水浴、STA449C 主机、TASC414/4 控制器与计算机电源。在水浴与热天平打开 2～3h 后，开始测试。打开 Proteus 软件。

2. 确认测量所使用的 N_2 吹扫气情况。

3. 基线测试

(1) 放坩埚　准备一对质量相近的干净的空坩埚，分别作为参比坩埚与样品坩埚放到支架上，关闭炉体。

(2) 新建测试　点击测量软件“文件”菜单下的“新建”，在弹出的对话框中选择“修正”测量类型，输入样品名称、编号、所使用的气体及其流量等参数。输入完成后点击“继续”，进入下一对话框。

(3) 打开温度校正文件　选择测量所使用的温度校正文件，点击“打开”。

(4) 打开灵敏度校正文件　选择测量所使用的灵敏度校正文件，点击“打开”，进入下一界面。

(5) 编辑设定温度程序　使用右侧的“温度段类别”列表与“增加”按钮逐个添加各温度段，并使用左侧的“工作条件”列表为各温度段设定相应的实验条件。例如，先将“开始温度”处设为 25，将吹扫气 2(N_2) 和保护气左侧选中，点击“增加”，“温度段类别”自动跳到“动态”。在“终止温度”处输入 500，“升温速率”处输入 10，采样速率可使用默认值，点击“增加”，再在“温度段类别”处选择“结束”。“紧急复位温度”使用默认值（终止温度+10℃）即可。随后点击“增加”，此时温度程序的编辑已经完成。点击“继续”，进入下一对话框。

(6) 设定测量文件名　选择存盘路径，设定文件名，点击“保存”，随后进入“STA 调整”界面。

(7) 初始化工作条件与开始测量　点击“初始化工作条件”，软件将根据实验设置自动打开各路气体，转动流量计上的旋钮，调节 N_2 流量至 10～20mL/min。随后点击“诊断”菜单下的“炉体温度”与“查看信号”，调出相应的显示框。点击“清零”，对天平进行清零。观察仪器状态，如果炉体温度与样品温度相近，且与设定起始温度相吻合，TG 和 DSC 信号稳定，一分钟内基本无漂移，即可点击“开始”开始测量。

4. 样品测试

基线测试完成后，开始进行样品测试。首先进行样品制备，先将空坩埚放在天平上称重，去皮（清零），随后将 10mg 左右聚对苯二甲酸乙二酯样品加入坩埚中，称取样品质量。将装有样品的坩埚放入炉体内，关闭炉体，点击“编辑”菜单下的“测量向导”，在弹出的

"STA449C 测量向导"对话框中选择测量模式为"样品+修正"，输入样品名称、编号与样品质量。在"接受"-"温度程序"处打勾。设定完成后点击"继续"，其后的操作与"3. 基线测试"部分（6）、（7）相同。

5. 实验结束后，依次关闭软件，退出操作系统，关闭仪器及计算机开关，清理实验台。

五、实验结果与处理

根据 TG 和 DSC 图谱，求出聚对苯二甲酸乙二酯的玻璃化转变温度、结晶温度、熔融温度和分解温度。

六、常见问题及解决方法

如果需要提前终止测试，可点击"测量"菜单下的"终止测量"。

七、思考题

1. 简述 DSC 和 TG 研究聚合物的基本原理。
2. 影响 DSC 实验结果的因素主要有哪些？
3. 在 DSC 谱图上怎样辨别熔点、结晶温度和玻璃化转变温度？

八、参考文献

[1] 张美珍，柳百坚，谷晓昱. 聚合物研究方法. 北京：中国轻工业出版社，2000.
[2] 复旦大学高分子科学系高分子科学研究所. 高分子实验技术. 上海：复旦大学出版社，1996.

第二篇　高分子材料加工与成型工艺

第八单元　塑料成型工艺

实验 14　注塑成型工艺

注射成型也称注塑，是塑料的一种重要成型方法。其成型过程为塑料从注射成型机的料斗送入料筒内加热熔融塑化后，在柱塞或螺杆加压下，物料被压缩并向前移动，通过机筒前端的喷嘴，以很快的速度注入温度较低的闭合模具内，经过一定时间的冷却定型后，开启模具即得制品，可以成型几乎所有的热塑性塑料和某些热固性塑料。注射成型可生产形状、尺寸、精度满足各种要求的制品，制品的质量从几克到几十千克不等，视需要而定。

一、实验目的

1. 了解螺杆式注塑机的结构、性能参数、操作规程以及程控注塑机在注射成型时工艺参数的设定、调整方法和有关注意事项。

2. 掌握注塑机的基本操作技能。

3. 熟悉注射成型标准测试试样的模具结构、成型条件和对制件的外观要求。

4. 掌握注射条件对标准试样的收缩、气泡等缺陷的影响。

二、实验原理

本实验采用单螺杆式注塑机进行实验。在塑料注射成型中，注塑机需要按照一定的程序完成塑料的均匀塑化、熔体注射、成型模具的启闭、保压和成型制件的脱模等一系列操作过程。注射机的这些操作有两种控制方式：人工控制的手动方式和计算机控制的程序控制方式，后者更为普遍。

1. 螺杆式注射机的主要结构及作用如图 14-1 所示。

(1) 注射装置　注射装置一般由塑化部件（机筒、螺杆、喷嘴等）、料斗、计量装置、螺杆传动装置、注射油缸和移动油缸等组成。注射装置的主要作用是使塑料原料均匀塑化成熔融状态，并以足够的压力和速度将一定量的熔体注射到成型模具的型腔中。

(2) 合模装置（锁模装置）　合模装置主要由模板、拉杆、合模机构、制件顶出装置和安全门组成。合模装置的主要作用是实现注射成型模具的启闭并保证其可靠的闭合。

(3) 液压传动和电气控制系统　液压系统和电气自动控制系统的主要作用是满足注塑机注射成型工艺参数（压力、注射速度、温度、时间）和动作程序所需的条件。

2. 注塑机的动作过程

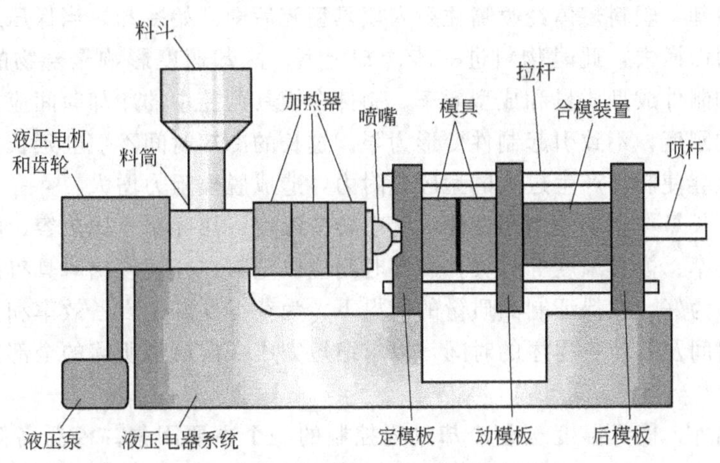

图 14-1 注塑机的结构

（1）闭模及锁紧　注射成型过程是周期性的操作过程。注塑机的成型周期一般是从模具闭合开始的，模具先在液压及电气自动控制系统处于高压状态下进行快速闭合，当动模与定模快要接触时，液压及电气自动控制系统自动转换成低压、低速状态，在确认模内无异物存在时，再转换成高压并将模具锁紧。

（2）注射装置前移及注射　确认模具锁紧之后，注射装置前移，使喷嘴和模具吻合，然后液压系统驱动螺杆前移，在所设定的压力、注射速度等条件下，将机筒内螺杆头部已均匀塑化和定量的熔体注入模具型腔中。此时螺杆头部作用于熔体上的压力称为注射压力。螺杆移动的速度称为注射速度。

熔体能否充满模腔，取决于注射时的速度、压力以及熔体温度、模具温度，熔体温度和模具温度通过熔体黏度、流动性质变化来影响充模的速率。在其他工艺条件稳定的情况下，熔体充填时的流动状态受注射速度制约。注射速度快，充模的时间短、熔体温差较小、密度均匀、熔接强度较高，制品外观及尺寸稳定性良好。但是，注射速度过快时，熔体高速流经截面变化的复杂流道会出现十分复杂的流变现象，制品可能因不规则流动及过量充模产生结构不均匀和尺寸精度差等弊病。

注射压力使熔体克服料筒、喷嘴、流道、模腔等处的流动阻力，以一定的充模速度注入模腔。当熔体注满型腔的瞬间，模腔内的压力迅速达到最大值，而充模速度则迅速下降，熔体受压压实。在其他工艺条件不变时，熔体在模腔内充填过量或不足取决于注射压力高低，直接影响到材料分子的取向程度和制品的外观质量。

注射压力和注射速度，目前尚无较准确的计算方法。考虑原料、注塑机、模具与制品、其他工艺条件等不同情况，可由分析成型过程及制品外观并结合实践数据确定。

（3）保压　注射操作完成以后，在螺杆头部还保存有少量熔体。液压系统通过螺杆对这部分熔体继续施加压力。以填补因型腔内熔体冷却收缩产生的空间，保证制件密度。保压一直持续到浇口封闭。此时，螺杆作用于熔体上面的压力称为保压压力，又称二次压力。保压压力一般等于或者低于注射压力。保压过程中，仅有少量熔体补充注入模具型腔。

保压过程以持续到浇口刚好封闭为宜。过早卸压，浇口未封闭，模腔中熔体会发生倒流，制件密度不足；保压时间过长或保压压力过大，充模过量，浇口附近将产生较大的内应力，也增大制件的内应力，造成开裂、脱模困难等现象。

（4）制件冷却　塑料熔体经喷嘴注射入模具型腔后即开始冷却。当保压进行到浇口封闭以后，保压压力即撤去，此时物料进一步冷却定型。冷却速度影响聚合物的聚集态转变过程，最终会影响制件成型质量和成型效率。制件在模具型腔中的冷却时间应以制件在开模顶出时具有足够的刚度，不致引起制件变形为限。过长的冷却时间不仅会延长生产周期，降低生产效率，而且会使制件产生过大的型腔包附力，造成脱模阻力增大。

冷却时间的长短与塑料的结晶性能、状态转变温度、热导率、比热容、刚性以及制品厚度、模具冷却效率、模具温度等有关，冷却时间应以塑料在开模顶出时具有足够的刚度，不致引起制品变形为好。在保证制品质量的前提下，为获得良好的设备效率和劳动生产率，要尽量减少冷却时间及其他各程序的时间，以求缩短完成一次成型所需的全部操作时间即成型周期。

除冷却时间外，模具温度也是冷却过程控制的一个主要因素。模温高低和塑料结晶性能、状态转变温度、热性能、制品形样、使用要求以及其他工艺条件（如熔体温度、注射速度及压力、成型周期）等关系密切。塑料在模腔内冷却定型温度的上限由材料的玻璃化转变温度或热变形温度确定。提高模温不仅有助于保持熔体温度，便于熔体流动，对充模程序有益，而且可以调整塑料的冷却速度，使之均匀一致；模温高有利于分子热运动，促进取向分子的松弛过程，提高流动性，但是，模具温度过高会导致冷却时间延长、脱模困难。

（5）原料预塑化　为了缩短成型周期，提高生产效率，当浇口冷却，保压过程结束后，也即在冷却定型的同时，注射机螺杆在液压马达的驱动下开始转动，将来自料斗的粒状塑料向前输送。在机筒外加热和螺杆剪切热的共同作用下，粒状塑料逐步均匀融化，最终成为熔融黏流态的流体。在螺杆的输送作用下存积于螺杆头部的机筒中，从而实现塑料原料的塑化，准备下一次注射。

螺杆的转动一方面使塑料塑化并向其头部输送，另一方面也使存积在头部的塑料熔体产生压力，这个压力称为塑化压力。由于这个压力的作用，使得螺杆向后退移，螺杆后移的距离反映出螺杆头部机筒中所存积的塑料熔体体积，注射机螺杆的这个后退距离，即每次预塑化的熔体体积，也就是注射熔体计量值是根据成型制件所需要的注射量进行调节设定。当螺杆转动而后退到设定的计量值时，在液压和电气控制系统的控制下就停止转动，完成塑料的预塑化和计量，即完成预塑化程序。注射螺杆的尾部是与注射油缸连接在一起的，在螺杆后退的过程中，螺杆要受到各种摩擦阻力及注射油缸内液压油回流阻力的作用，注射油缸内液压油回流阻力称为螺杆背压。注射螺杆能否后退及后退的速度取决于螺杆后退时受到的各种摩擦阻力和螺杆背压。塑料原料在预塑过程中的各种工艺参数是根据不同制件的塑料材料进行设定的。

料筒温度确定受树脂本性如热稳定性、流变性、结晶行为、定向作用，塑料组成如填料、润滑剂、增塑剂等组分，注射装置类型，制品几何形状大小，模具结构以及其他工艺因素如喷嘴、模具温度、注射压力、注射速度、螺杆转速与背压、成型周期等的影响。料筒温度的上限应该在材料的黏流温度 T_f（或熔点 T_m）至分解温度 T_d 区间，料筒温度可以分为二至五段控制，分布差通常在60℃以内。

喷嘴温度控制在维持熔体良好的流动性而不出现“流涎现象”，也不能使喷嘴温度过低，散失热量产生冷料堵塞喷嘴或影响制品性能情况。除聚氯乙烯等易热分解材料之外，喷嘴温度常常高于或略低于料筒的最高温度。

螺杆背压高，物料受剪切增强，熔体温度上升，熔料的均化程度改善；但是螺杆输送能力减小，延长预塑时间。背压一般为注射压力值的5%～20%。对于热稳定性差或者熔体黏度低的材料应该选择较低的背压。

原料预塑化和物料在模腔内的冷却定型过程在时间上是重叠的，通常要求预塑时间要小于冷却定型时间。

(6) 注射装置后退、开模及制件顶出 预塑完成后，注射装置后退，为了避免喷嘴长时间与模具接触散热而形成凝料，使喷嘴离开模具。当模腔内的成型制件冷却到具备一定刚度后，合模装置带动动模板开模，在开模的过程中完成侧向抽芯的动作，最后顶出机构顶脱制件，准备开始下一个成型周期。

总之，注射成型过程，塑料除在热、力、水、氧等因素作用下，引起高聚物的化学变化之外，主要是一个物理状态变化的过程。高分子的化学结构、聚集态结构、分子构象及运动能力与材料的性质有密切关系，因此塑料的性质与制品性能密切相关。除此之外，注塑机和注塑模具的结构、技术参数；注射成型工艺也对成型过程及制品性能有重要影响。本实验是在原料、注塑机、模具不变化的条件下仅改变若干成型工艺条件制备试样，使学生在了解原料、注塑机、模具与试样关系的同时，更注意注塑工艺条件对试样性能变化的影响。用注射成型制备的标准试样可以用于研究塑料的力学、热学及电学性能，分析工艺与性能的关系，选择合理的成型条件，以求生产时获得最佳的产品性能和生产效率。

三、仪器和试剂

1. 仪器

注塑机　　　　1台

2. 试剂

低密度聚乙烯　　　助剂

四、实验步骤

1. 实验前准备

(1) 了解原料的规格、成型工艺特点及试样的质量要求。参考有关的试样成型工艺条件介绍，初步拟出实验条件：原料的干燥条件；料筒温度、喷嘴温度；螺杆转速、背压及加料量；注射速度、注射压力；保压压力、保压时间；模具温度、冷却时间；制品的后处理条件。

(2) 装好模具。

(3) 接通冷却水，对油冷器和料斗座进行冷却。

(4) 接通电源（合闸），按拟定的工艺参数，设定好料筒各段的加热温度，通电加热。

2. 测试操作

(1) 将实验原料加入注塑机料斗中。

(2) 待料筒加热温度达到设定值时，保持30min。

(3) 首先采用“手动”方式动作，检查各动作程序是否正常，各运动部件动作有无异常现象，一旦发现异常现象，应马上停机，对异常现象进行处理。

(4) 进料、对空注射如喷出物料光滑明亮，无变色、银丝、气泡，则表明料筒和喷嘴温度较适合，即可用手动操作方式进行注射试样。

(5) 手动操作实施注射成形过程，制取试样。操作程序为：

闭模→预塑→注塑机座进→注射（一级注射，二级注射，三级注射）→保压→注塑机座退→预塑→冷却→开模→顶出制品→开安全门→取件→关安全门。

(6) 用自动或半自动操作方式，实施注射成形过程，制取试样。在手动模式调节好以后，选择半自动模式，关上安全门，设备会自动完成以下过程（合模，注塑机座进，一级注射，二级注射，三级注射，预塑化，注塑机座退，开模），拉开拉门，取出样件。选择自动模式设备会自动完成全部过程，无需打开安全门。

(7) 依次改变注射速度、注射压力、保压时间、冷却时间、料筒温度工艺条件，相应制取试样。

3. 停机

(1) 停机前，先关料斗闸门，将余料注射完。

(2) 开到手动状态，关下电热开关。

(3) 关模具冷却水阀、螺杆进料段冷却水阀和机器冷却水总进出阀。

(4) 清洁模具，必要时可向模具喷上防锈剂，然后把模具合上。关油泵，关下总电源开关。

五、注意事项

(1) 设备高温，注意避免烫伤。

(2) 手伸入模具内时，要确保无闭模动作。若长时间在模具里工作，需将马达关掉。

(3) 预塑后，将喷嘴的物料清净后，再座进，防止阻塞。

(4) 喷嘴阻塞时，应提高其温度。若仍未畅通，则应拆下清洗，不可加大注射压力企图使阻塞物从喷嘴中喷出。

六、实验结果与处理

1. 列出原料牌号、规格、生产厂家名称。
2. 注塑的工艺参数和工艺条件。
3. 制品外观记录，包括颜色、透明度、有无缺料、凹痕、气泡、银纹等。

七、思考题

1. 要缩短注塑机的成型加工周期，可以采取哪些措施？
2. 工艺条件怎样影响试样外观和内在质量？
3. 注塑机的螺杆与挤出机的螺杆在结构和形式上有何异同点。

八、参考文献

[1] 刘建平等. 高分子材料科学与工程实验. 2版. 北京：化学工业出版社，2017.
[2] 肖汉文等. 高分子材料与工程实验教程. 2版. 北京：化学工业出版社，2016.
[3] 王小妹等. 高分子加工原理与技术. 2版. 北京：化学工业出版社，2015.

实验15 挤出造粒工艺

挤出成型也称挤压模塑或挤塑，即在挤出机中，通过加热、加压使物料以流动状态连续通过具有一定形状的口模，是成型塑料制品的一种加工方法。产品是具有恒定截面的连续型材。适用于几乎所有的热塑性塑料和某些热固性塑料。挤出过程中，随着对塑料加压方式的不同，可将挤出工艺分为连续和间歇两种，前种所用设备为螺杆挤出机，后种为柱塞式挤出机。螺杆挤出机又有单螺杆和多螺杆挤出机的区别，但使用较多的是单螺杆挤出机。作为连续混合机，双螺杆挤出机已广泛用来进行聚合物共混、填充和增强改性，也可用来进行反应挤出，双螺杆挤出机结构简图如图 15-1 所示。柱塞式挤出机的最大优点是能给予塑料以较大的压力，而它的明显缺点则是操作的不连续性，而且物料还要预先塑化，因而应用也较少。

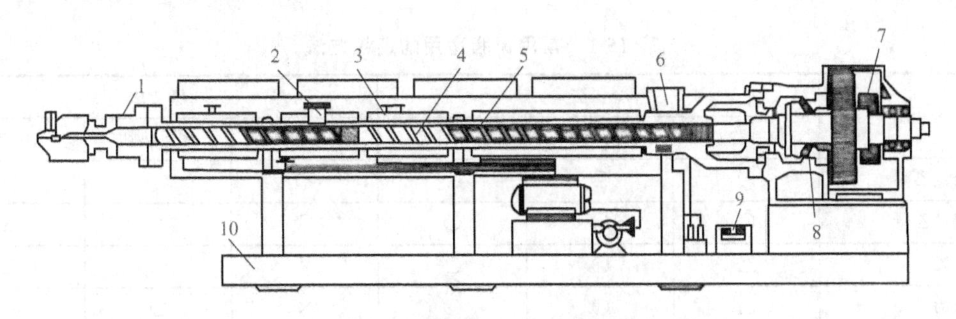

图 15-1　双螺杆挤出机结构简图

1—机头；2—排气口；3—加热冷却系统；4—螺杆；5—机筒；6—加料口；7—减速箱；8—止推轴承；9—润滑系统；10—机架

合成树脂一般为粉末状，粒径较小，松散、易飞扬。为便于成型加工，需将树脂与各种助剂混合塑炼制成颗粒状，这个工序称为造粒。造粒的目的在于进一步使配方均匀，排除树脂颗粒间及颗粒内的空气，使物料被压实到接近制成品的密度，以减少成型过程中的塑化要求，并使成型操作容易完成。

一般造粒后的颗粒料较整齐，且具有固定的形状。颗粒料是塑料成型加工的原料，用颗粒料成型有如下优点：加料方便，不需强制加料器；颗粒料密度比粉末料大，制品质量较好；空气及挥发物含量较少，制品不易产生气泡。造粒工序对于大多数单螺杆挤出机生产塑料挤出制品一般是必需的，而双螺杆挤出机可直接使用捏合好的粉料生产。

一、实验目的

1. 了解热塑性塑料的挤出工艺过程以及造粒加工过程。
2. 掌握热塑性塑料挤出及造粒加工设备及操作规程。
3. 掌握 PE 挤出工艺条件及挤出过程中需注意的问题。

二、实验原理

1. 挤出成型工艺原理

挤出成型是热塑性塑料成型加工的重要成型方法之一，热塑性塑料的挤出加工是在挤出机的作用下完成的重要加工过程。在挤出过程中，物料通过料斗进入挤出机的料筒内，主要借助螺杆的挤压、搅拌，利用剪切、塑化、摩擦生热达到对材料塑化、混合和分散的目的，通过机头挤出、冷却、造粒。

2. 挤出造粒

热塑性物料的造粒可分冷切法和热切法两大类。冷切法又可分拉片冷切、挤片冷切、挤条冷切等几种；热切法则可分干热切、水下热切、空中热切等几种。造粒的主要设备是混炼式挤出机或塑炼机（开炼机或密炼机）和切粒机。除拉片冷切法用平板切粒机造粒外，其余都是用挤出机造粒。挤出造粒有操作连续，密闭，机械杂质混入少，产量高，劳动强度小，噪声小等优点。

常见树脂适用的造粒方法见表 15-1。无论何种方法，均要求粒料颗粒大小均匀，色泽一致，外形尺寸不大于 3～4mm，因为如果颗粒尺寸过大，成型时加料困难，熔融也慢。造粒后物料形状以球形或药片形较好。

表 15-1　常用树脂适用的造粒方法

树脂	冷切法			热切法		
	拉片冷切	挤片冷切	挤条冷切	干热切	水下热切	空中热切
软聚氯乙烯	○	○	○	○	○	○
硬聚氯乙烯	○	○	○	○	△	△
聚乙烯	△	○	○	×	○	△
聚丙烯	△	○	○	×	○	○
ABS	×	○	○	×	○	△
聚酰胺	×	△	○	×	○	×
聚碳酸酯	×	×	○	×	△	△
聚甲醛			○		△	
颗粒形状	长方形，正方形	长方形，正方形	圆柱形	球形，药片形	球形，药片形	圆柱形

注：○—最适宜；△—尚可；×—不适宜。

三、仪器和试剂

1. 仪器

双螺杆挤出机　1 台　冷却水槽　1 台　切粒机　1 台

剪刀　1 把　手套　1 付

2. 试剂

高密度聚乙烯　助剂

四、实验步骤

1. 实验前准备

（1）按设计配方称取物料，将混合好的物料利用烘箱进行烘干处理。

（2）检查料斗确认无异物。

（3）检查冷凝水连接是否正常。

（4）检查润滑油是否足量。

（5）将挤出机、机头、料斗以及切粒机等清理干净，并安装完毕。将冷却水槽和挤出机冷却水连接好，先通冷却水，再接通电源。

（6）依照相关资料了解所使用材料（PE）的熔点和流动特性，初步设定机身三段、机头和口模的温度。

2. 测试操作

待各段加热达到规定温度时，对机头部分的螺栓等衔接处再次检查，并将其拧紧。保温一段时间，手动盘车，盘动应轻快灵活，无异常现象后，按下列步骤进行操作。

(1) 辅机启动。打开切粒机调速器的开关，旋转旋钮使切粒机处于低速旋转状态。

(2) 主机启动。在确保主机给定为0时，打开主机开关，然后通过旋转主机给定旋钮，缓慢提高主机转速（空转时螺杆转速一般在50r/min左右，时间不超过2min。喂料启动后再提高主机螺杆转速)。

(3) 喂料启动。在主机空转无异常后，按下喂料开关，根据主机转数和出料情况适当调整喂料速度。在加料的过程中，要逐渐增加喂料量，不能突变和超过主机螺杆的承受能力，主机电流不能超过额定值。

(4) 将挤出圆条通过冷却水槽后慢慢引入切粒机进料口，慢慢调节切粒机转速与挤出速度匹配。待挤出及切粒过程正常后，记录挤出物均匀、光滑时的各段温度等工艺条件。

(5) 依次改变螺杆转速（r/min)：10、15、20、25、30。在每个转速下，稳定挤出情况下，截取3min之挤出物造粒颗粒，分别称量，同时记录其对应的电流值、压力值。

3. 停机

(1) 正常停机顺序：

a：关闭真空系统；

b：停喂料机；

c：逐渐降低主螺杆转速，尽量排尽筒内残存物料；

d：停辅机；

e：按下面板油泵按钮，关闭油泵；

f：关闭主机电源和各个电机的电源，切断总电源开关；

g：清扫设备。

(2) 紧急停车：遇到紧急情况需停主机时，可迅速直接按下控制柜上的紧急停车按钮，并随即将主机、喂料调回零位。寻找故障原因。

五、注意事项

(1) 设备高温，注意严禁手触，避免烫伤。

(2) 经常注意电机的电流指示，避免因为阻力过大造成对设备的损坏。

六、实验结果与处理

1. 列出实验用挤出机的技术参数。
2. 计算产率。

七、思考题

1. 理论上，按照物料在螺杆中的状态，可以将螺杆分成哪几部分，物料状态如何？
2. 讨论如何设定合适的工艺条件，达到良好的共混效果。
3. 讨论挤出造粒过程中存在哪些因素影响物料的共混效果。

八、参考文献

[1] 肖汉文等. 高分子材料与工程实验教程. 2版. 北京：化学工业出版社，2016.

[2] 王小妹等. 高分子加工原理与技术. 2版. 北京：化学工业出版社，2015.

实验16 挤出管材工艺

挤出成型又称挤压模塑或挤塑，是借助螺杆或柱塞的挤压作用，使受热熔化的塑料在压力的推动下，强行通过口模而成为具有恒定截面的连续型材的一种成型方法。挤出成型几乎可以成型所有的热塑性塑料，也可以加工某些热固性塑料。生产的制品有管材、板材、薄膜、线缆包覆物以及塑料与其他材料的复合材料等。挤出机料筒内的熔融物料通过机头环形通道，形成管状物，再经冷却定型即得到塑料管材，是挤出成型的主要产品之一。可供生产管材的塑料原料有：聚乙烯、聚氯乙烯、聚丙烯、ABS、聚酰胺、聚碳酸酯等。目前国内生产的塑料管材以聚乙烯、聚氯乙烯、聚丙烯等材料为主。

一、实验目的

1. 了解单螺杆挤出机、管材机头的结构和工作原理。
2. 了解塑料的挤出成型原理。
3. 掌握聚乙烯管材挤出工艺操作过程、各工艺参数的调节及对管材的影响因素。

二、实验原理

1. 管材的成型原理

塑料管材的挤出过程就是将粒状或粉状塑料原料加入料斗内，经计量装置加入挤出机料筒内，借螺杆转动在螺杆推力面作用下使物料向机头方向输送前移，并逐渐压缩，在此过程中受螺杆剪切力作用，获得摩擦热和料筒的加热从而温度不断上升，物料被加热成熔融的料流，经螺杆旋转的推力使熔融料通过机头环形通道，形成管状物，经冷却定型装置对成型的管材进行冷却定型即成为塑料管材。塑料管材挤出工艺流程如图16-1所示。

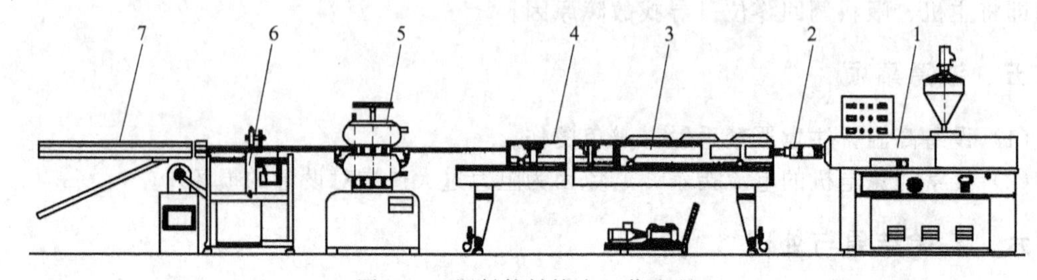

图16-1 塑料管材挤出工艺流程

1—挤出机；2—挤出机头；3—定型装置；4—冷却装置；5—牵引机；6—切割机；7—堆料架

2. 单螺杆挤出机的基本结构

主要包括：挤出机（加料装置、料筒、螺杆）、传动部分、机头和口模等。

（1）传动部分　通常由电动机、减速器和轴承等部分组成。在挤出过程中，要求螺杆转速稳定，以保证制品质量均匀一致。

（2）加料装置　供料一般采用粒料，也可以采用带状料或粉料。装料设备通常都使用锥形加料斗，其容积至少应能容纳一小时的用料。料斗底部有截断装置，以便调整和切断料流，料斗侧面有视孔和标定计量的装置。有些料斗带有可防止原料从空气中吸收水分的真空（减压）装置或加热装置，有些料斗有搅拌器，并能自动上料或加料。

（3）料筒　为一金属圆筒，一般用耐温耐压强度较高、坚固耐磨、耐腐蚀的合金钢或内衬合金钢的复合钢管制成。一般料筒的长度为其直径的15～30倍，其长度以使物料得到充分加热和塑化均匀为原则。料筒应有足够厚度、刚度；在料筒外部附有用电阻、电感或其他方式加热的加热器、温度自控装置及冷却（风冷或水冷等）系统。

（4）螺杆　螺杆是挤出机最主要的部件，它直接关系到挤出机的应用范围和生产率。通过螺杆的转动对塑料产生挤压作用，塑料在料筒中才能够产生移动、增压和从摩擦取得部分热量，塑料在移动过程中得到混合和塑化，黏流态的熔体在被压实而流经口模时，取得所需形状而成型。与料筒一样，螺杆也是用高强度、耐热和耐腐蚀的合金钢制成。由于塑料品种很多，性质各异。因此为适应加工不同塑料的需要，螺杆种类很多，结构上也有差别，以便能够对塑料产生较大的输送、挤压、混合和塑化作用。较为常见的螺杆有渐变型（等距不等深、等深不等距）、突变型、鱼雷头型螺杆等。表示螺杆结构特征的基本参数有直径、长径比、压缩比、螺距、螺槽深度、螺旋角、螺杆与料筒的间隙等。物料沿螺杆前移时，经历着温度、压力、黏度等的变化；根据物料的变化特征可将螺杆分为加料段、压缩段和均化段。加料段的作用是将料斗供给的料送往压缩段，塑料在移动过程中一般保持固体状态。压缩段的作用是压实物料，使物料由固体转化为熔融体，并排除物料中的空气，本段螺杆应对塑料产生较大的剪切作用和压缩。均化段的作用是将熔融物料定容（定量）定压地送入机头使其在口模中成型。

（5）机头和口模　机头的作用是将处于旋转运动的塑料熔体转变为平行直线运动，使塑料进一步塑化均匀，并将熔体均匀而平稳地导入口模，还赋予必要的成型压力，使塑料易于成型并使所得制品密实。口模为具有一定截面形状的通道，塑料熔体在口模中流动取得所需形状，并被口模外的定型冷却系统冷却硬化而成型。

（6）辅助设备　主要包括：①原料输送、干燥等预处理设备；②定型和冷却设备；③可调速牵引装置；④成品切断或辊卷装置等。

三、仪器和试剂

1. 仪器

单螺杆挤出机	1台	冷却水槽	1台	牵引机	1台
切割机	1把	手套	1付		

2. 原材料

聚乙烯

四、实验步骤

1. 实验前准备

（1）按参考配方设计配方称取物料，将混合好的物料利用烘箱进行烘干处理。

（2）检查料斗确认无异物。

（3）检查冷凝水连接是否正常。

（4）检查润滑油是否足量。

（5）将挤出机、机头、料斗以及切粒机等清理干净，换上洁净的多孔板和过滤网。将冷却水槽和挤出机冷却水连接好，先通冷却水，再接通电源。

（6）依照相关资料了解所使用材料特性，初步拟定螺杆转速及各段加热温度，同时拟定其他操作。

2. 测试操作

(1) 机头口模环形间隙中心要求严格调正。

(2) 当机器加热到预定值后，再保温20～30min，同时检查机器运转、加热和冷却是否正常，对机头各部分的衔接、螺栓等检查并趁热拧紧。开机在慢速下投入少量的LDPE粒子，同时注意电流表、压力表、温度计和扭矩值是否稳定。待熔体挤出成管坯后，观察壁厚是否均匀，调节口模间隙，使沿管坯圆周上的挤出速度相同，尽量使管壁厚度均匀。

(3) 塑料挤出口模后，用一根同种规格、同种材料的管子，使其与挤出管坯黏在一起，经拉伸变细引入定径装置或以手将挤出管坯慢慢向外牵引入定径装置，启动真空泵，用手使管材平稳通过冷却水槽，开牵引机，观察管的外观质量。当管挤出到一定长度后，将管按工艺要求进行裁剪。改变挤出速度和牵引速度，截取三段试样，测量管材壁厚和性能的变化。

3. 停车

逐步降低螺杆转速，挤出机内存料，必要时，对机头、螺杆和多孔板拆卸清净，对于热稳定性好的塑料，可以带料停车，但应保证料筒和机头内塑料不夹杂空气，以免下次开车时塑料被氧化，停车后随即关闭螺杆冷却水，并把调节电动机转速的旋钮调到低速位置。

五、注意事项

(1) 手工操作将管材穿过定径套时，应小心操作，防止熔融物料将手烫伤。

(2) 设备高温，注意严禁手触，避免烫伤。

六、实验结果与处理

列出实验用挤出机的技术参数。

七、思考题

1. 螺杆结构的各基本特征参数对挤出管材制品有何影响?

2. 简要叙述挤出管材的成型过程。

八、参考文献

[1] 刘建平等. 高分子材料科学与工程实验. 2版. 北京：化学工业出版社，2017.

[2] 刘长维. 高分子材料与工程实验. 北京：化学工业出版社，2003.

实验17 模压成型工艺

模压成型（压缩模塑）是将塑料放入加热的阴模模槽中，合上阳模后加热使其熔化，在压力作用下使物料充满模腔，形成与模腔形状一样的模制品，再经加热（使其进一步发生交联反应而固化）或冷却（对热塑性塑料应冷却使其硬化），脱模后即得制品的一种成型方法。

一、实验目的

1. 了解模压成型热固性塑料的原理和工艺控制过程。

2. 理解塑料模塑粉配方以及模压成型工艺参数对热固性塑料模压制品性能及外观质量

的影响。

3. 了解酚醛模塑粉中各组分的作用以及配方原理。

二、实验原理

热固性塑料的模压成型是将缩聚反应到一定阶段的热固性树脂及其填充混合料置于成型温度下的压模型腔中，闭模施压。借助热和压力作用，使物料一方面熔融成可塑性流体而充满型腔，取得与型腔一致的形样，与此同时，带活性基团的树脂分子产生化学交联而形成网状结构。经一段时间保压固化后，脱模，制得热固性塑料制品的过程。

在热固性塑料模压成型过程中，温度、压力和保压时间是重要的工艺参数。它们之间既有各自的作用又相互制约，各工艺参数的基本作用和相互关系如下：

1. 模压温度

在其他工艺条件一定的情况下，热固性塑料模压过程中，温度不仅影响其流动性而且决定成型过程中交联反应的速度。温度高，交联反应快，固化时间短。所以，高温有利于缩短模压周期，改善制品物理-力学性能。但温度过高，熔体流动性会降低以致充模不满，或表面层过早固化而影响水分、挥发物排除，这不仅要降低制品的表观质量，还可能出现制品膨胀、开裂等不良现象。反之，模压温度过低，固化时间拖长，交联反应不完善也要影响制品质量，同样会出现制品表面灰暗、黏模和力学性能降低等问题。

2. 模压压力

模压压力取决于塑料类型、制品结构、模压温度及物料是否预热等诸因素。一般来讲，增大模压压力可增进塑料熔体的流动性，降低制品的成型收缩率，使制品更密实；压力过小会增多制品带气孔的机会。不过，在模压温度一定时，仅仅就增大模压压力并不能保证制品内部不存在气泡，况且，压力过高还会增加设备的功率消耗，影响模具的使用寿命。

3. 模压时间

模压时间，是指压模完全闭合至启模这段时间。模压时间的长短也与塑料类型、制品形样、厚度、模压工艺及操作过程密切相关。通常随制品厚度增大，模压时间相应增长。适当增长模压时间，可减少制品的变形和收缩率。采用预热、压片、排气等操作措施及提高模压温度都可缩短模压时间，从而提高生产效率。但是，倘若模压时间过短，固化不完全，起模后制品易翘曲、变形或表面无光泽，甚至影响其物理力学性能。

除此之外，塑料粉的工艺性能、模具结构和表面粗糙度等都是影响制品质量的重要因素。

实验时酚醛塑料模压成型工艺条件可参考表17-1。

表 17-1 酚醛塑料模压成型工艺条件

试样类别	预热条件		模压条件		
	温度/℃	时间/min	温度/℃	压力/MPa	时间/min
电气(D)	135～150	3～6	160～165	25～35	6～8
绝缘 V165	150～160	6～10	150～160	25～35	6～10
绝缘 V1501	140～160	4～8	155～165	25～35	6～10
高频(P)	150～160	5～10	160～170	40～50	8～10
高电压(Y)	155～165	4～10	165～175	40～50	10～20
耐酸(S)	120～130	4～6	150～160	25～35	6～10
耐热(H)	120～150	4～8		25～35	6～10
冲击 J1503	125～135	4～8		25～35	6～10
冲击 J8603	135～145	4～8		25～35	6～10

注：板材厚度为3.5～10mm，厚度小，压制工艺参数取较小值。

三、仪器和试剂

1. 仪器

四柱液压机　　1台　　压模模具　　1件

普通天平　　1台

2. 试剂

酚醛树脂　　硬脂酸锌（Zn-St）　　化工一级品

六亚甲基四胺（HMT）　　化工一级品　　炭黑

轻质氧化镁（MgO）　　化工一级品　　云母

硬脂酸镁（Mg-St）　　化工一级品

实验配方

原料	酚醛树脂	HMT	MgO	Mg-St	Zn-St	炭黑	云母
质量份数	100	13	3	2	1.5	0.6	100

四、实验步骤

1. 准备工作

（1）计算塑料粉量和压力表指数值　根据制品尺寸以及使用性能，参照表17-1，拟定模压温度、压力和时间等工艺条件，由模具型腔尺寸和模压压强分别计算出所需的塑料粉量和压力表指数值。

塑料粉量 m 计算

$$m=\rho V$$

式中，ρ 为制品密度，g/cm^3；V 为制品体积，cm^3。

压力表指数值计算

$$p=\frac{p_0 A p_{\max}}{N_{机} 10^3}$$

式中，p 为压力表读数，MPa；p_0 为模压压强，MPa；A 为模具投影面积，cm^2；$p_{\max}$ 为液压机最大工作压力，kN；$N_{机}$ 为液压机公称压力，kN。

（2）塑料粉配制　按配方称量，将各组分放入混合器中，搅拌30min后，将塑料粉装入塑料袋备用。必要时，按规定预热。

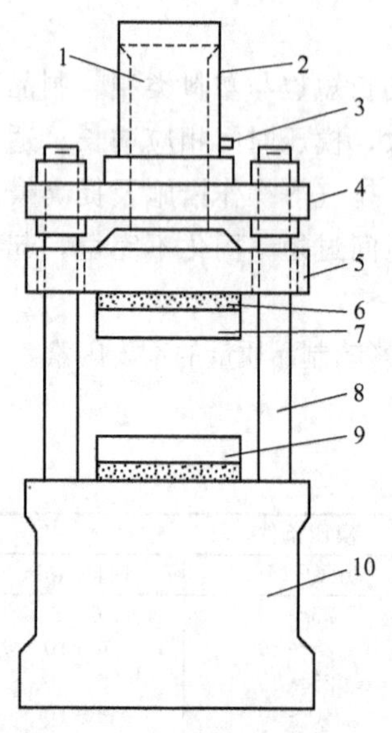

图17-1　上动式液压机

1—柱塞；2—压筒；3—液压管线；4—固定垫板；5—活动垫板；6—绝热层；7—上压板；8—拉杆；9—下压板；10—机座

2. 压制成型

（1）接通液压机电源，旋开控制面板上的加热开关，温度显示仪表亮。仪器开始加热升温。根据实验要求，设置实验温度为预热温度，并把模具置于加热板上预热。按上面公式计算结果将压力表的上限压力调在要求的范围之内。上动式液压机如图17-1所示。

（2）模具预热15min后，将上、下模板脱开，用棉纱擦拭干净并涂以少量脱模剂。随即把已计量好的塑料粉加入模腔内，堆成中间高的形式，合上上模板再置于液压机热板中心位置。设置实验温度为模压温度。

（3）开动液压机加压，使压力表指针指示到所需工作压力，经2～7次卸压放气后，在模压温度和模压压力下保压。

（4）按实验要求保压一定时间后，卸压，取出模具，开模取出制品，用铜刀清理干净模具并重新组装待用。

3. 实验内容

按不同工艺条件，重复上述操作过程，进行模压实验。实验时工艺条件为

（1）塑料粉不预热；模压温度160℃；模压压强25MPa；保压时间5min。

（2）塑料粉在130℃预热；模压温度160℃；模压压强25MPa；保压时间5min。

（3）塑料粉在130℃预热；模压温度160℃；模压压强30MPa；保压时间5min。

（4）塑料粉在130℃预热；模压温度150℃；模压压强25MPa；保压时间5min。

五、注意事项

（1）清理模具时，用规定工具清理，不能用其他硬物刮。

（2）实验操作人员必须戴手套，以防止烫伤。

六、实验结果与处理

记录下列实验内容

（1）原料牌号、规格、生产厂家名称；

（2）计算塑料粉用量及表压值；

（3）模具结构尺寸；

（4）模压工艺条件；

（5）制品外观记录。

七、常见问题及解决方法

不正常现象	产生原因	解决办法
制品表面起泡和内部鼓起	1. 压缩粉中的水分及挥发物含量过多 2. 模具温度过低或过高 3. 成型压力过低 4. 保持温度时间过长或过短 5. 模具内有其他气体 6. 材料压缩率太大、含空气量过多 7. 加压不均匀	1. 将压塑粉干燥和预热 2. 调节好温度 3. 增加成型压力 4. 延长固化时间 5. 闭模时缓慢和加压模具 6. 物料先预压，改变加料方式 7. 改进加压装置
制品欠压有缺料现象	1. 塑料流动性过小 2. 加料少 3. 加压时物料溢出模具 4. 压力不足 5. 模具温度过高，以致存料过早固化	1. 改用流动性大的物料 2. 加大加料量 3. 调节压力 4. 增加压力 5. 加速闭模、降低成型温度
毛料（飞边）过厚	1. 加料过多 2. 物料流动性太小 3. 模具设计不合理 4. 模具导柱孔被堵塞 5. 模具毛刺清理不净	1. 准确加料 2. 降低成型温度 3. 改进模具设计 4. 彻底清理模具，保证闭模严密 5. 仔细清模
制品尺寸不合格	1. 材料不符合要求 2. 加料不准确 3. 模具已坏或设计加工尺寸不准确	1. 改用合格材料 2. 调整加料量 3. 修理与更换模具

八、思考题

1. 热固性塑料模压过程中为什么要进行排气？其模压过程与热塑性塑料的模压成型有何区别？
2. 酚醛模塑粉中各组分的作用是什么？

九、参考文献

[1] 刘建平等. 高分子材料科学与工程实验. 2版. 北京：化学工业出版社，2017.
[2] 肖汉文等. 高分子材料与工程实验教程. 2版. 北京：化学工业出版社，2016.

实验18 发泡成型工艺

泡沫塑料是以塑料为基本组分而内部具有无数微小气孔结构的复合材料，是以塑料构成连续相并以气体作为分散相的两相体系。有密度低、比强度高、隔热保温、吸音、防震等优点，在土木建筑、绝热工程、车辆材料、包装防护、体育及生活器材方面有着良好的应用前景。

一、实验目的

1. 掌握生产聚烯烃泡沫塑料的基本原理，了解聚烯烃泡沫塑料的主要生产方法。
2. 了解发泡机理及过程。
3. 掌握原料配方中各组分的作用及配方对工艺条件和制品性能的影响。

二、实验原理

聚烯烃结晶度高，在未达到结晶熔融温度以前，树脂几乎不能流动，而达到熔融温度，黏度急剧下降，使发泡过程中产生的气泡很难保持；从熔融态冷却到固态需时间较长，使发泡气体逃逸的机会增多；透气性大，发泡的气体难保持。这些缺点使聚烯烃发泡工艺难以控制，最有效的解决方法是使聚烯烃分子发生部分交联以提高树脂的熔融黏度和使黏度随温度的升高而缓慢降低，从而调整熔融物黏弹性适应发泡要求。

聚合物交联有辐射交联和化学交联两种方法。辐射交联由于设备投资大，主要用于制造收缩薄膜、薄的发泡制品和细颈电缆等。化学交联价廉和方便，工业上较为广泛采用。

三、仪器和试剂

1. 仪器

两辊开炼机	1台	表面温度计	1只
密炼机	1台	平板硫化机	1台
溢式压模（内腔160×160×3mm）	1副	天平（感量0.1g）	1台
整形钢板（350×300mm）	1副	泡沫测厚仪或游标卡尺	1把

2. 原材料

低密度聚乙烯（LDPE）密度：0.920～0.924g/cm^3，熔体流动速率<10g/10min
过氧化二异丙苯（DCP） 工业一级品
偶氮二甲酰胺（ADCA） 工业一级品 氧化锌（ZnO） 化工一级品

硬脂酸锌（ZnSt）　　　　化工一级品

实验配方

原料	LDPE	DCP	ADCA	ZnO	Zn-St
质量份数	100	0.2～1.0	4.0	0.8	1.2

四、实验步骤

1. 原料性能检测

（1）测定 LDPE 的熔体指数。

（2）测定可发性片材的 T_f 以及其中 ADCA、DCP 的分解温度。

2. 制备泡沫塑料

（1）配料　称取 LDPE45g，按上述配方计算并称取各种助剂，ADCA、DCP 单独称量后混合。

（2）用密炼机混合原材料　开启密炼机。设定密炼机混料参数，温度为 120℃，转子速度为 60r/min，时间 10min；温度达到 120℃后，恒定 3min，校正扭矩；打开上顶栓加料，放下上顶栓，开始密炼；观察密炼室中时间-转矩和时间-熔体温度曲线，判断物料熔融情况，在均匀后或密炼 10min 后，打开密炼机卸料，立即混炼。

（3）混炼，制备可发性片材　先将开炼机辊筒预热并恒定至设定温度（100～110℃，前辊略高于后辊），调整好辊距（0.5～1.5mm），开动机器，将已经密炼好的团块状物料混炼 1～2 次，混炼时间 3～5min，得到发泡用的片坯，片坯冷却变硬后，裁剪成大小适宜（比型腔尺寸略小）的片材，备用。

（4）模压成型　操作方法：先将压机模板的模具预热至设定温度（160～180℃）；然后将叠合好的可发性片材置于模具中加热、加压（实际压力 2MPa）；保压一定时间（3～5min）后，开模取出物料，在发泡膨胀的同时迅速在洁净平面上展开，放置板状物冷压，冷却定型后即得制品。

（5）制品性能测试

① 观测制品外观状态。

② 测定制品的表观密度。

③ 测定制品的拉伸强度及断裂伸长率。

五、实验结果与处理

记录原料性能、混炼工艺条件、模压工艺条件、制品性能。

六、思考题

1. 本实验中各原料组分的化学名称及其分布如何？

2. 发泡中常见的泡孔大小不均、连泡、局部塌泡、产品形状不规整的形成是什么原因？如何解决？

七、参考文献

[1] 黄锐，曾邦禄. 塑料成型工艺学. 北京：中国轻工业出版社，1997.

[2] 肖汉文，王国成，刘少波. 高分子材料与工程实验教程. 北京：化学工业出版社，2008.

实验19 吹塑成型工艺

塑料薄膜是一类重要的高分子材料制品。由于它具有质轻、强度高、平整、光洁、透明等优点，应用范围很大。塑料薄膜可以用多种方法成型，加压延、流涎、双向拉伸和吹塑等方法。

一、实验目的

1. 了解单螺杆挤出机、吹膜机头及辅机的结构和工作原理。
2. 了解塑料的吹塑成型原理；掌握聚乙烯吹膜工艺基本操作过程。
3. 掌握工艺参数的设置及其对制品性能的影响。

二、实验原理

吹塑是将挤出或注射成型所得的半熔融态管坯（型坯）置于各种形状的模具中，在管坯中通入压缩空气将其吹胀，使之紧贴于模腔壁上，再经冷却脱模得到中空制品的成型方法。薄膜的吹塑是塑料在挤出机料筒内，借助于料筒外部的加热和螺杆旋转的剪切挤压作用使其熔化，同时在压力的推动下，通过环隙形口模形成连续的薄壁管坯，由管坯内芯棒中心孔引入压缩空气使管坯吹胀成膜管，后经空气冷却定型、牵引卷取而成薄膜。

三、仪器和试剂

1. 仪器

挤出机	1台	水平吹膜机头	1套
空气压缩机	1台	牵引卷曲装置	1套
鼓风机及冷却风环	1套		

2. 试剂

聚乙烯树脂　　1kg

四、实验步骤

1. 根据实验原料LDPE的特性，初步拟定螺杆转速及各段加热温度，同时拟定其他操作工艺条件。

2. 按照挤出机的操作规程，接通电源，开机运转和加热。检查机器各部分的运转，加热冷却是否正常。待各段预热达到要求的温度时，应对机头部分的衔接、螺栓等再次检查并趁热拧紧。保温一段时间以待加料。

3. 开动主机，在慢速运转下先加少量塑料，并时刻注意电流表、压力表、温度计、扭力值和进料情况是否稳定。待熔料挤成管坯后，观察壁厚是否均匀，用手将挤出物慢慢引上冷却牵引装置，并开动辅机，使螺杆转速逐渐向工作速度平滑上升。然后根据控制仪表的指示值和工艺条件的要求，将各部分作相应的调整以维持正常操作。

4. 注意观察泡管的形状，透明度变化及挤出制品的外观质量，根据实际情况调整各种因素，如：如挤出流量、风环位置和风量、牵引速度等。记录挤出制品质量合格的最小螺杆转速及其他工艺条件，接着在一定温度下增加螺杆转速，直到从机头挤出的物料熔体流线的规律性开始破坏为止（根据制品表面光滑度破坏情况而定）。记录保持制品外观质量要求的最大许可转速。然后提高挤出温度，重复以上操作过程，记录保持制品外观质量要求的最高温度。

5. 实验完毕，逐步降低螺杆转速，挤出机内存料，趁热清理机头和衬套内的残留塑料。

五、注意事项

(1) 熔体被挤出之前，操作者不得处于口模的正前方，操作过程中严防金属杂质、小工具等物落入进料口中。清理挤出设备时，只能采用铜棒、铜刀或压缩空气管等工具，切忌损伤螺杆和口模等处的光滑表面。

(2) 吹胀薄膜的空气压力，既不能使薄膜破裂，又要能保证形成对称的稳定泡管。

(3) 在挤出过程中要密切注意工艺条件的稳定，不得任意波动，如发现不正常现象，应立即停车进行检查处理。

六、实验记录及结果处理

1. 列出实验用挤出机的技术参数。

2. 结果处理

编号	口模内径	芯棒外径	薄膜直径	薄膜厚度	吹胀比	牵引比	产率
1							
2							
3							
4							

七、思考题

1. 影响吹塑薄膜厚度均匀性的注意因素有哪些？如何影响？
2. 实验中应从哪些控制条件来保证得到质量良好的薄膜？
3. 讨论本实验采用的薄膜生产方法的优缺点。
4. 吹塑薄膜的纵向和横向的机械性能有没有差异？为什么？

八、参考文献

[1] 黄锐，曾邦禄．塑料成型工艺学．北京：中国轻工业出版社，1997.
[2] 欧国荣，张德震．高分子科学与工程实验．上海：华东理工大学出版社，1997.

实验 20　压延成型工艺

压延成型是将加热塑化的热塑性塑料通过一系列加热的压辊，使其连续成型为薄膜或片材的成型方法，可用于热塑性塑料和橡胶的成型，成型制品有薄膜和片材、人造革或其他涂层制品。压延成型具有加工能力大、生产速度快、产品质量好、能连续化地生产的优点。压延机的结构如图 20-1 所示。

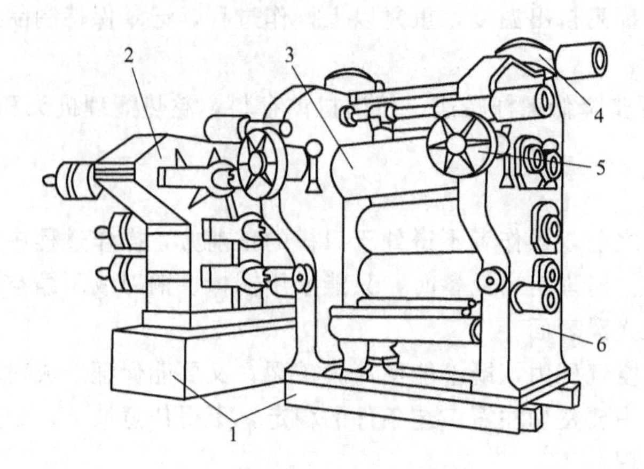

图 20-1　压延机的结构

1—机座；2—传动；3—辊筒；4—辊距调节装置；
5—轴交叉调节装置；6—机架

一、实验目的

1. 了解压延机的结构和工作原理。
2. 能进行相关的工艺参数设定与调节。
3. 掌握压延机组的基本操作过程。

二、实验原理

压延过程中，借助了辊筒间产生的剪切力，使物料多次受到挤压、剪切，在逐步塑化的基础上延展成薄型制品。

在压延过程中受热熔化的物料由于与辊筒的摩擦和物料内部的剪切摩擦会产生大量的热，局部过热会使塑料发生分解，因而要注意辊筒的温度，辊筒的速度比等，以便很好地控制辊温。

三、仪器和试剂

1. 仪器

挤出机	1 台	压延机	1 台
引离装置	1 套	牵引装置	1 套
切割装置	1 套		

2. 原材料

聚氯乙烯树脂（PVC）	*K* 值 60，聚合度 700	抗冲改性剂 MBS 树脂	
有机锡 TM-181FS		环氧大豆油（ESO）	工业一级品
亚磷酸-苯二异辛酯（PDOP）	工业一级品	硬脂酸钙（CaSt）	化工一级品
硬脂酸锌（ZnSt）	化工一级品	甘油偏脂肪酸酯 ZB-74	
硬脂酸（HSt）		ACR 树脂	抗冲型
透明紫			

实验配方

原料	PVC	MBS	TM-181FS	ESO	PDOP	CaSt	Zn-St	ZB-74	HSt	ACR 树脂	透明紫
质量份数	100	5	1.5	3.0	0.3	0.2	0.1	1.0	0.4	1.0	8×10^{-5}

四、实验步骤

1. 混合

原料的混合要先加入固体的稳定剂和润滑剂，1min 后加入液体的稳定剂和润滑剂，50℃时加入加工改性剂，先低速运转，再提高速度，80℃时加入加工着色剂和填充剂，达到110～120℃时，降低速度，卸料至冷却混合器中搅拌，温度降至 50℃以下。

2. 挤出

按照挤出机的操作规程，接通电源，开机运转和加热。检查机器各部分的运转，加热冷却是否正常。开动主机，在慢速运转下先加少量混合后的原料，并时刻注意电流表、压力表、温度计、扭力值和进料情况是否稳定。注意挤出速度与压延速度相匹配。

3. 压延

先清除设备上一切杂物，各润滑油部位加润滑油（脂），辊筒用润滑油加热升温；当润滑油升温至 80℃时，开启进油阀对压延机轴承进行正常润滑，各润滑部位供油 10min 后，低速启动辊筒电机，调整各辊筒速比，实验紧急停车按钮及刹车装置，按动紧急停车按钮，辊筒继续运转应不超过 3/4 圆周。查看主电机电流是否正常（主电机功率应不超过额定功率的 15%），检查各传动部位运转声音是否正常，各传动件和辊筒运转是否平稳；启动导热介质循环泵，辊筒升温，升温速度以每小时 30℃左右为宜，不宜太快；调辊距到接近生产用间隙，辊筒上料；料先少加，量要均匀，先在Ⅰ，Ⅱ辊中加料，供料正常后，根据熔料包辊情况，适当微调各辊的温差及速比直至熔料包辊运行正常。按制品厚度尺寸精度要求，微调辊距。调整各辅助装置，使制品的厚度尺寸精度控制在要求公差内。一切调整正常后，压延制品生产连续进行。

4. 停机

(1) 先停挤出机，停止上料，并降低转速至最低。

(2) 辊筒间熔料接近没有时，快速调节Ⅰ辊筒、Ⅱ辊筒辊间距；然后继续快速调大Ⅱ辊筒、Ⅲ辊筒及Ⅲ辊筒、Ⅳ辊筒间距离，调后辊距应不小于 3mm。

(3) 关闭辊筒反弯曲和预负荷装置油缸压力，使辊筒恢复原状，然后调整轴交叉回零位。

(4) 停止导热介质加热，辊筒开始降温；当辊温降至 80℃时，停止辗筒转动电动机。

(5) 清除辊面上残余熔料。

(6) 电动机停止 10min 后，停止导热介质循环泵。

(7) 停止液压系统循环油泵，停止润滑油循环油泵。

(8) 清除杂物和油污，若停机时间较长，应在辊面上涂防锈油。

(9) 关冷却水循环泵。

(10) 切断设备供电总电源。

五、注意事项

(1) 辊筒在轴交叉位置时，如需调距，应两端同步进行，以免辊筒偏斜受损。

（2）经常观察轴承油温、各仪器仪表的指示是否正常，设备有无异常声响、振动和气味。

（3）经常排放气动系统空气过滤器中的积水和杂物。

六、实验记录及结果处理

列出实验用挤出机、压延机的技术参数。

七、常见问题及解决方法

不正常现象	原因	改进方法
表面毛糙，机械强度差	料温低，压延温度低，塑化不良	加强混炼，提高料温，升高辊筒温度
表面有冷疤或条状痕迹	混炼不佳，料温低，存料过多	调整辊距，减少存料，加强混炼，适当升高压延温度
有气泡	料温低，存料过多，压延速比小；或配方中低挥发物含量高	加强混炼，调整压延速比，减少存料，改进配方
厚薄不均匀	辊距没有调准确，辊筒表面温度不均匀，轴交叉使用不得当	调整辊距，用外加热法弥补辊温不均匀，调整轴交叉
透明度差或有云雾状	压延温度低，塑化不良，速比过小，存料过多	提高压延温度，调整速比，减少存料
有白点	添加剂材料等分散不良	调整配方中增塑剂的品种用量，加强混炼和塑化，改善冷却结果

八、思考题

1. 压延机的主要结构组成有哪些？
2. 实验中应从哪些控制条件来保证得到质量良好的硬片？
3. 简要叙述压延成型工艺流程。

九、参考文献

[1] 黄锐，曾邦禄. 塑料成型工艺学. 北京：中国轻工业出版社，1997.

实验 21 聚氯乙烯的搪塑成型工艺

搪塑又称作涂凝模塑或涂凝成型。它是用糊塑料制造空心软制品的一种重要方法，在塑料玩具的生产中具有广泛的应用。

一、实验目的

1. 通过实验明确搪塑成型的基本原理、成型工艺参数的作用及其对产品性能的影响，并掌握搪塑成型的操作方法。

2. 通过实验掌握塑料溶胶的配制过程；了解聚氯乙烯配方的设计思想。

二、实验原理

搪塑是将糊塑料（塑性溶胶）倾倒到预先加热至一定温度的模具中，接近模壁的塑料即会因受热而胶凝，然后将没有胶凝的塑料倒出，并将附在模子上的塑料进行热处理（烘熔），再经冷却即可从模具中取得空心制品。搪塑的优点是设备费用低，生产速度高，工艺控制也较简单，但制品的厚度和质量的准确性较差。

本实验中聚氯乙烯树脂颗粒在机械力和溶剂化作用下，可以均匀分散，悬浮于分散剂中，通过适当控制树脂颗粒的溶剂化程度，便能得到适于成型的聚氯乙烯塑性溶胶。这种聚氯乙烯塑性溶胶经过塑型、烘熔两个过程，增塑剂被树脂吸收形成不连续相出现胶凝，树脂颗粒在膨胀并在热的作用下熔化形成连续相，从而得到聚氯乙烯塑料的搪塑制品。

三、仪器和试剂

1. 仪器

电热鼓风烘箱	1台	电子天平	1台	搪塑模具	3付
真空脱泡装置	1套	电炉	1只	100mL 烧杯	2只
200mL 烧杯	2只	300mL 烧杯	2只	100mL 量筒	2个
200℃温度计	1只	玻璃棒	1只	研钵	1套

2. 试剂

乳液法聚氯乙烯（PVC）树脂		邻苯二甲酸二辛酯（DOP）	工业品
邻苯二甲酸二丁酯（DBP）	工业品	癸二酸二辛酯（DOS）	工业品
硬脂酸钙（CaSt）	工业品	硬脂酸锌（ZnSt）	工业品
硬脂酸钡（BaSt）	工业品		

配方

原料	PVC 树脂	DOP	DBP	DOS	CaSt	ZnSt	BaSt
质量份数	100	24～48	52～48	4～8	1.5	0.7	0.5

四、实验步骤

1. 物料的准备

（1）按配方称量不同份数的各种增塑剂，并将称取好的原料集中于一个烧杯内混合搅拌均匀。

（2）分别称取稳定剂，集中放于另一个烧杯内。在稳定剂中加入其总量的 250%混合增塑剂，用玻璃棒搅拌至物料混合均匀，形成稳定的剂浆。

2. 制糊

在放有稳定剂浆的烧杯中加入全部乳液 PVC 树脂，再加入 60%增塑剂，在不超过 32℃的条件下，不停地搅拌 20～30min，使各组分分散均匀形成难流动的糊状料，然后逐渐加入剩余的增塑剂，再次搅拌 10～15min，使其成为均匀的 PVC 糊。

3. 脱泡

启动真空装置，把 PVC 糊倒进脱泡装置的布氏漏斗中，使 PVC 糊逐滴下落，利用真空作用脱出糊中所裹气体，待脱泡完毕，停止真空泵，从料斗下的容器内得到脱泡了的 PVC 糊。

4. 搪塑成型

预先将洁净的搪塑成型模具置于 173～187℃的恒温鼓风烘箱内，加热 10min，取出搪塑模具，让模具中凸出尖角部位倾斜，将 PVC 糊沿模具的侧壁匀速地注入模具型腔内，稍加震动，以利排气。待PVC糊完全灌满模具型腔后，停留约15～30s，以利于PVC糊均匀浸润模腔壁面，再将PVC糊倒回容器内，这时与模壁接触的一层PVC糊已发生部分凝胶，随即搪塑模具送入恒温烘箱加热10～15min，使贴于壁面的PVC糊熔化，取出模具放入冷水中5～10min，使其充分冷却后揭盖取出制品即为PVC塑料搪塑制品。

五、实验结果与处理

设备型号	模具预热温度	模具预热时间	糊料搅拌时间	热处理温度	热处理时间	产品外观

六、思考题

1. 配方中增塑剂的种类、用量以及搪塑成型工艺对制品性能有怎样的影响？
2. 在由塑性溶胶变为制品的过程中，糊塑料发生了哪些物理变化？

七、参考文献

[1] 戴干策，骆玉祥，杨乔治. 汽车工艺与材料，2002，(8/9)：77-79.
[2] 李春艳. 科技信息，2009，(29)：437.
[3] 吴智华. 高分子材料加工工程实验教程. 北京：化学工业出版社，2004.

第九单元　橡胶加工工艺

实验 22　橡胶加工工艺

橡胶是现代国民经济与科技领域中不可缺少的高分子材料，用途十分广泛，不仅能满足人们的日常生活、医疗卫生和文体生活等各方面的需要，还能满足工农业生产、交通运输、电子通讯和航空航天等各个领域的技术要求。然而天然橡胶材料通常很软，容易变形，而且有不可逆的塑性形变，外力去除后仍保留较大的不可逆形变，为了改善天然橡胶的物理机械性能，橡胶制品通常要经过硫化处理。

一、实验目的

1. 掌握橡胶制品配方设计的基本知识和硫化工艺。
2. 熟悉开炼机和平板硫化机等橡胶加工设备的操作方法。

二、实验原理

将具有线形分子结构的橡胶通过化学或其他方法使其分子链发生交联形成三维网状结构的过程称为橡胶的硫化。经过硫化的橡胶，不仅在机械性能方面得到提高，并且形状固定，不再具有可塑性和黏流性。硫化方法有很多，主要包括注压硫化、硫化罐硫化、共熔盐硫化、微波硫化和平板硫化等。适当的配方和合理的硫化工艺条件是保证橡胶制品质量的重要因素。

自橡胶的硫化方法发明以来，硫黄一直是天然橡胶和合成橡胶的主要硫化剂。此外，硒、碲、含硫化合物、金属氧化物和过氧化物等也可用作硫化剂。为了改善和提高橡胶制品的加工性能、物理机械性能和使用寿命，节约原材料和降低成本，在硫化过程中还要加入硫化促进剂、硫化活性剂、补强剂、防老剂和增塑剂等配合剂。其中硫化促进剂能加快硫化反应速度，降低硫化温度，减少硫化剂用量，并能提高或改善硫化胶物理机械性能。常用的硫化促进剂主要有噻唑类、秋兰姆类、次磺酰胺类、胍类、二硫代氨基甲酸盐类、醛胺类、黄原酸盐类和硫脲类。硫化活性剂又称助促进剂，能参与橡胶的硫化反应，提高促进剂活性并充分发挥其效能，提高交联程度。最常用的活性剂是氧化锌和硬脂酸并用，氧化锌对天然橡胶还有一定补强作用，硬脂酸对胶料还有软化增塑作用，帮助炭黑（常用补强剂）的混合分散。防老剂能够抑制或延缓橡胶的老化过程，延长制品的使用寿命。常用的防老剂有胺类和酚类两大类。增塑剂能降低胶料的黏度，提高其流动性和黏着性，加快配合剂在胶料中的混合分散速度，从而改善胶料的工艺加工性能。常用的增塑剂包括矿物油、动植物油、酯类和液体聚合物等。

本实验采用平板硫化法加工天然橡胶，以硫黄作硫化剂，硬脂酸和氧化锌作硫化活性剂，炭黑作补强剂。此外，硫化促进剂选用 2-巯基苯并噻唑（促进剂 M），防老剂选用*N*-苯基-*β*-萘胺（防老剂 D）。

在橡胶加工过程中，塑炼和混炼是两个重要的工艺过程，通称炼胶，其目的是制备具有柔软可塑性，并赋予一定使用性能、可用于成型的胶料。生胶的分子量通常很高，韧性和弹性很大，因而加工比较困难，必须使之成为柔软可塑性状态才能与其他配合剂均匀混合。这种使弹性材料变为可塑性材料的工艺过程称为塑炼。本实验选用开炼机进行机械法塑炼。天然生胶置于开炼机的两个以不同表面速度相向转动的辊筒间隙中，受强烈的挤压与剪切，生胶渐渐趋于熔融或软化，并受力降解，这样多次往复，直至达到预期的塑化状态。混炼是在塑炼胶的基础上进行的又一个炼胶工序，目的是使橡胶与配合剂混合均匀，制造性能符合要求的混炼胶。混炼也可在开炼机上进行，控制辊距的大小，选择适宜的辊温并按一定的加料混合程序进行。量小难分散的配合剂，比如促进剂和防老剂，由于分散均匀度要求高，应较早加入便于分散。此外，有些促进剂对胶料有增塑效果，早些加入利于混炼。防老剂早些加入可以防止混炼时摩擦升温而导致的老化现象。硫化剂应最后加入，因为硫黄一旦加入，便可能发生硫化效应，使胶料的工艺性能变坏。

本实验采用平板硫化法，所用的平板硫化机有两块加热板，装有混炼胶的模具放在两块平板之间。一块平板固定，另一块可以通过油压上下移动以压紧模具。通过平板硫化机在一定的温度和压力下成型，同时发生硫化交联反应，最终取得制品。硫化反应的机理如下：在适当的温度下，硫黄在活性剂和促进剂的作用下形成活性硫，同时天然橡胶（聚异戊二烯）主链上的双键打开，形成大分子自由基，活性硫原子作为交联键桥使橡胶大分子间交联起来而形成立体网状结构。成型过程中施加压力并保持一定时间有利于活性点的接触，促进交联反应的进行。硫化后脱模即可得到已交联定型的橡胶制品。

三、仪器和试剂

1. 仪器

开放式双辊筒炼胶机	1台	平板硫化机	1台	橡胶加工模具	1套
天平	1台	温度计	1支		

2. 试剂

天然橡胶	硫黄	氧化锌	硬脂酸
促进剂M	防老剂D	炭黑	脱模剂CH-106

四、实验步骤

1. 配料

按以下配方准备原材料：天然橡胶200g，硫黄6g，氧化锌10g，硬脂酸4g，促进剂M 2g，防老剂D 2g，炭黑100g。

2. 塑炼

（1）破胶　辊温控制在45℃左右，将生胶碎块连续投入两辊之间，在1.5mm辊距下破胶。

（2）薄通　胶块破碎后，将辊距调至0.5mm，从大齿轮的一端加入破胶后的胶片，使之通过辊筒的间隙，直接落到接料盘内。将接料盘中的胶片重新投到辊筒的间隙中，重复薄通数次。

（3）捣胶　将辊距调至1mm，使胶片包辊后，用割刀将胶料割落在接料盘上。重新使胶片包辊，重复捣胶数次。操作过程中保持辊温不超过50℃。

3. 混炼

（1）调节辊筒温度在50～60℃之间，后辊较前辊温度略低。

（2）调节辊距至1.5mm，塑炼胶置于辊缝间，投入塑炼过的生胶，经辊压、翻炼后，使之均匀连续地包裹在辊筒上。

（3）按如下顺序分别加入配合剂：促进剂M、防老剂D、硬脂酸、氧化锌、炭黑、硫黄。每加完一种配合剂后都要捣胶两次。所有配合剂加完后调节辊距至0.5～1mm，翻炼数次至符合可塑度要求时为止，将胶片割落准备硫化成型。

4. 硫化成型

（1）在模具内腔表面涂上少量脱模剂，调节平板硫化机的平板温度至142℃，放入模具，并使之与上下两平板接触，预热10min。

（2）将混炼胶裁剪成一定的尺寸，放入已预热好的模腔内，并立即合模，置于平板硫化机中加压硫化，硫化压力为2MPa。当压力表指针到达所需的工作压力时，开始记录硫化时间。本实验要求保压硫化时间为10min。到达预定时间时，去掉平板间的压力，立即趁热脱模，取出硫化橡胶制品。

五、常见问题及解决方法

1. 遇到危险时应立即启动安全开关，停止辊筒转动。

2. 为防伤害，混炼时禁止戴手套，送料时手应握作拳状。辊筒运转时，手不能接近辊缝处，双手尽量避免越过辊筒水平中心线上部，注意衣袖、头发不要卷入辊筒。平板硫化时应戴手套以防烫伤。

六、思考题

1. 天然橡胶硫化的实质是什么？
2. 天然橡胶硫化的过程包括哪些步骤？
3. 天然橡胶、塑炼胶、混炼胶和硫化胶的结构和机械性能有何不同？

七、参考文献

[1] 张海，赵素合. 橡胶及塑料加工工艺. 北京：化学工业出版社，1997.

[2] 肖汉文等. 高分子材料与工程实验教程. 2版. 北京：化学工业出版社，2016.

第十单元 纤维缠绕成型工艺

实验 23 纤维缠绕成型工艺

缠绕成型是将浸渍过树脂胶液的连续纤维（或布带、预浸纱）按照一定规律缠绕到芯模上，然后经固化、脱模，获得制品。根据缠绕成型时树脂基体的物理状态不同，分为干法缠绕、湿法缠绕和半干法缠绕三种。

(1) 干法缠绕：干法缠绕是用经过预浸胶的纱或带，在缠绕机上经加热软化至黏流态后缠绕到芯模上。由于预浸纱（或带）由专门厂家生产，能灵活控制树脂含量（精确到2%以内）和纱的质量，所以产品质量能精确控制。干法缠绕工艺的最大特点是生产效率高，缠绕速度可达100～200m/min，而且劳动卫生条件好，产品质量高。缺点是缠绕设备贵，制品的层间剪切强度较低。

(2) 湿法缠绕：湿法缠绕是将纤维或纱式带浸胶后，在张力控制下有规律地缠绕到芯模上。优点是：①成本比干法缠绕低；②产品气密性好；③纤维排列平行度好；④湿法缠绕时，纤维上的树脂胶液，可减少纤维磨损。缺点是：①制品质量不易控制；②树脂浪费大，劳动条件差；③适宜的树脂品种较少。

(3) 半干法缠绕：半干法缠绕是纤维浸胶后，在缠绕至芯模前，用烘干设备，将浸胶纱中的溶剂除去，与干法相比，省了预浸胶工序和设备；与湿法相比，可使制品质量提高。

三种缠绕方法中，以湿法缠绕应用最为普遍；干法缠绕仅用于高性能、高精度的尖端技术领域。本实验使用湿法缠绕。

一、实验目的

1. 通过湿法缠绕无捻玻璃纤维增强不饱和聚酯树脂，掌握复合材料缠绕成型的基本方法。

2. 进行玻璃纤维预处理，并设计树脂固化剂配方，培养和提高综合应用复合材料实验技术的能力。

二、实验原理

缠绕成型的原材料主要是纤维增强材料、树脂基体和填料。

(1) 增强材料　缠绕成型用的增强材料，主要是各种纤维纱，如无碱玻璃纤维纱、中碱玻璃纤维纱、碳纤维纱、高强玻璃纤维纱、芳纶纤维纱及表面毡等。

(2) 树脂基体　树脂基体是指树脂和固化剂组成的胶液体系。缠绕制品的耐热性，耐化学腐蚀性及耐自然老化性主要取决于树脂性能，同时对工艺性、力学性能也有很大影响。缠绕成型常用树脂主要是不饱和聚酯树脂、天然树脂、缠绕专用树脂 DS-659 等。

(3) 填料　填料种类多，加入后能改善树脂基体的某些功能，如提高耐磨性，增加阻燃性和降低收缩率等。在胶液中加入空心玻璃微珠，可提高制品的刚性，减小密度降低成本等。在生产大口径地埋管道时，常加入30%石英砂，借以提高产品的刚性和降低成本。为了提高填料和树脂之间的粘接强度，填料要保证清洁并进行表面活性处理。

缠绕机是实现缠绕成型工艺的主要设备，对缠绕机的要求是：①能够实现制品设计的缠绕规律；②排纱准确；③生产效率高；④操作简便。

缠绕机主要由芯模驱动和绕丝嘴驱动两大部分组成。为了消除绕丝嘴反向运动时纤维松线，保持张力稳定及在封头或锥形缠绕制品纱带布置精确，实现小缠绕角（0°～15°）缠绕，在缠绕机上设计有垂直芯轴方向的横向进给（伸臂）机构。为防止绕丝嘴反向运动时纱带转拧，伸臂上设有能使绕丝嘴翻转的机构。

成型中空制品的内模称芯模。一般情况下，缠绕制品固化后，芯模要从制品内脱出。

芯模设计的基本要求：①足够的强度和刚度，能承受成型加工过程中施加于芯模的各种载荷；②满足制品形状和尺寸精度要求；③产品固化后，能顺利从制品中脱出；④制造简单，造价便宜，取材方便。

缠绕成型过程中影响制品的质量的工艺参数有：

（1）缠绕张力　是缠绕成型的重要工艺参数。张力的大小、各束纤维间张力的均匀性，以及各缠绕层之间纤维张力的均匀性都对制品质量影响极大。缠绕张力的大小与缠绕速度、纤维路径的摩擦程度、纤维路径的弯曲程度等有较大关系。因此，缠绕过程中应随时注意纤维张力的变化，将纤维张力调节在工艺设计规定的范围内。

（2）缠绕速度　缠绕速度过慢，生产效率会很低，但提高缠绕速度，会影响正常操作。湿法缠绕中，缠绕速度受到纤维浸胶时间的限制；另外，芯模转速太高，容易造成胶液在离心力的作用下向外飞溅；干法缠绕中的缠绕速度要高于湿法缠绕，但同样也有限制条件，主要是保证预浸料加热到所需黏度。

（3）环境温度、湿度　缠绕过程中环境的温度、湿度对制品有很大影响，树脂胶液黏度随温度降低而增大，为保证胶纱在缠绕过程中的浸渍效果，避免某些固化剂低温析出，缠绕过程中温度一般控制在15℃以上。缠绕过程中湿度不应过大，否则纤维吸潮后缠绕到制品上会产生纤维与树脂间粘接力降低，加速制品的老化等问题。

（4）胶液浸渍及含量控制　复合材料制品中胶液含量的高低变化及分布对纤维缠绕制品性能影响很大：一是影响对制品质量和厚度的控制；二是从强度角度看，含胶量过高，使制品复合强度降低；含胶量过低，制品空隙率增加，使制品气密性、耐老化性能及剪切强度下降，同时也影响纤维强度的发挥。此外，胶液含量过大的变化会引起不均匀的应力分布，并在某些区域引起破坏，因此纤维浸胶过程必须严格控制。含胶量大小，须根据制品使用要求而定。

保证纤维浸渍充分，树脂含量均匀。采用加热（胶槽恒温）和加入稀释剂可以有效控制胶液黏度，但都带来一定副作用，提高温度会缩短树脂胶液的使用期，加入溶剂，在成型时若去除不干净会在制品表面形成气泡，影响制品强度。但如果选择合适的加热温度和易挥发的溶剂，或以稀释剂代替普通溶剂，对胶纱采用烘干措施等，上述问题会得到克服。为保证纤维浸胶透彻，要求树脂黏度控制在0.35～1.0Pa·s。同时，缠绕过程中应注意随时将制品表面多余的树脂用刮胶板去除干净。

三、仪器设备和材料

1. 仪器设备

电子天平	1台	电动搅拌器	1台	烧杯（500mL）	2只

不锈钢圆球	模具	刮刀	1把	剪刀	1把
滚子	1把	量筒（20mL）	1只	烧杯（100mL）	2只
缠绕机	卧式缠绕机	烘箱			

2. 材料

不饱和聚酯树脂	UP（未预促进）	过氧化甲乙酮	MEKP固化剂
中碱玻璃纤维粗纱	泰和玻纤	异辛酸钴	促进剂
脱模剂	NC-55		

四、实验步骤

1. 原材料准备

缠绕前，需按照相关成型工艺指导文件的具体要求对增强材料、树脂基体及其他辅助材料的名称、规格型号、生产厂家等进行复查。

增强材料（包括玻璃纤维、碳纤维、芳纶纤维、布、毡等）通常应检查纤维的类型、线密度、浸润剂类型、有无加捻等指标。必要时需按照相关标准复测其强度、密度、含油率、含水量等指标。

纤维在使用前需进行烘干处理，根据其纱团大小一般在60～80℃的烘箱内干燥24～48h。芳纶纤维极易吸水，所以在使用过程中应采用密封、加热的方式，使之与湿气隔绝。

树脂基体（包括环氧树脂、不饱和聚酯树脂、乙烯基脂树脂等）在使用前通常应检查树脂种类、牌号、生产厂家等是否与工艺指导文件规定的一致，并依据作业指导文件对外观、黏度、生产日期等规定的指标进行复测。本实验选用不饱和聚酯树脂UP。

2. 胶液配制

根据工艺设计文件要求首先选用合适量程的天平、台秤、磅秤、电子秤等进行各组分的称量。按照配方要求向树脂基体中依次加入溶剂、固化剂、促进剂或其他辅助材料，经人工或搅拌器充分搅拌均匀后方可使用。考虑到不同树脂体系适用期不同，一次配制的胶液数量不能过多，以免造成浪费。

应特别注意的是配制不饱和聚酯树脂体系前，需按照当时的环境温度情况调节固化剂、促进剂的用量，测试凝胶时间，使树脂具有较合适的使用期。不饱和聚酯树脂的固化剂和促进剂不能直接混合，以免发生危险。一般树脂与固化剂的质量比例为100∶(2～4)，促进剂加0.5%～1%。

3. 设备检验、调试和程序的输入

缠绕前需对缠绕机进行必要的检验、调试和程序输入等工作。

(1) 设备检验 对缠绕机进行空转，检查机械系统（缠绕机架、电机、传动系统等）、控制系统、辅助系统（纱架、胶槽、加热器等）、张力控制系统（传感器、控制器、测控系统）的运转情况。如发现异常情况应停止使用，并及时修理。

(2) 缠绕线型设计与调试 装缠绕芯模，并将有关设计参数输入缠绕机。机械式缠绕机的缠绕线型主要由机械系统来控制，通过调节挂轮比、链条等获得需要的缠绕线型。数控缠绕机的缠绕线型通过数控系统如SIEMENS810、SIEMENS840D等来实现。缠绕时通过专用的缠绕软件，如CADWIND、CADFIL等来进行线型设计。线型调试时，将芯模安装到缠绕机上，进行预定线型缠绕，保证不出现纱片离缝、滑线等现象。

(3) 辅助设备安装调试 纱架、胶槽、绕丝嘴、加热器等辅助设备进行检验，确保运转正常，过纱路径光滑，不影响缠绕制品的质量。

4. 芯模的处理和安装

(1) 金属芯模的准备

① 在缠绕前首先要清除金属表面的油污，用丙酮或乙酸乙酯清洗干净。如果有铁锈，先用砂纸打光芯模表面，而后再清洗干净。

② 在清洗干净的芯模表面涂敷脱模剂。脱模剂的种类很多，如聚乙烯醇、有机硅类、醋酸纤维素、聚酯薄膜、玻璃纸等，应严格按照不同脱模剂的使用方法进行涂敷操作。初次使用的模具应反复涂敷几次。

(2) 石膏芯模的准备

① 将已做好的石膏芯模表面涂敷一层胶液，用树脂或油漆均可。主要是将里面的小气孔封闭，待固化后，然后再涂上一层或数层聚乙烯醇，充分凉置后待用。

② 另一种方法是，将已做好的石膏芯模表面糊上一层玻璃纸，赶出里面的气泡，待用。

③ 石膏芯模不适合固化温度高于150℃的产品。

(3) 水溶性芯模的准备　作水溶性芯模常用的粘接剂主要有聚乙烯醇和硅酸钠。制品固化温度低（小于150℃）时，常用聚乙烯醇体系。固化温度较高（高于150℃）时，常用硅酸钠体系。水溶性芯模在使用前处理方法与石膏芯模类似。

5. 缠绕成型

(1) 首先进行纤维张力的调节，用张力器测量纤维张力，并对张力控制机构进行调节，以达到工艺文件规定的张力精度。

(2) 将胶液倒入胶槽中，使纤维经过浸胶槽和挤胶辊，然后将已浸胶的多根纤维分成若干组，通过分纱装置后集束，引入绕丝嘴。

(3) 按设计要求进行设定线型的缠绕，并随时调节浸胶装置控制纤维带胶量。缠绕时随时将产品表面多余的胶液刮掉，并观察排纱状况，如遇纱片滑移、重叠或出现缝隙等情况，应及时停车处理。

(4) 缠绕中应不断地调节张力，不断地添加新胶液，清除胶辊上的纱毛和滴落在缠绕设备上的胶液，保持整个生产线的清洁卫生，做到文明生产。

(5) 当缠绕即将结束时，测其厚度，达到设计要求时即可停机。

(6) 将产品卸下，进入固化炉或放置室温下固化。

6. 固化

制品固化应严格按照工艺规定的固化制度进行。将产品放于烘箱、固化炉、真空罐或常温下固化。产品视其需要可采用水平放置、垂直放置或旋转放置的方式，按已确定的固化制度进行固化。在固化过程中要严格遵守操作规程，随时检查和调试温度，如遇温度过高、过低或升温过快等情况应停止固化，及时检修设备。固化结束后，通常自然冷却。严禁高温出炉，出炉温度过高会使产品收缩产生裂缝，影响产品质量。

7. 脱模

制品固化后要将其中的芯模脱除，根据芯模的结构形式不同其脱模的方法也不相同。

(1) 金属芯模　一般采用机械脱模方式，如制作复合材料管道时，需通过脱模设备将金属芯模拔出。

(2) 组合模具　需先将模具拆散，然后小心地移除，注意不要碰伤产品。

(3) 水洗砂芯模　需先用水将砂芯模部分冲掉，然后脱除金属轴。有时为了脱模方便，常采用热水高压冲洗。

8. 产品加工与修整

复合材料制品一般都需要机械加工，基本上沿用了对金属材料的一套加工方法，如车、铣、刨、磨、钻等，可以在一般木材加工机床或金属切削机床上进行。由于复合材料的性质与金属不同，因此在机械加工上有其特殊性。

(1) 制品由硬度高的纤维增强材料和软质的树脂组成，切削加工时是软硬相间，断续切削，每分钟可达百万次以上冲击，致使切削条件恶化，刀具磨损严重。

(2) 由于复合材料制品导热性差，在切削过程中金属刀具和复合材料摩擦产生的热无法及时传递出去，极易造成局部过热，致使刀具发生退火，硬度下降，加速刀具的磨损，缩短使用寿命，因此要求刀具耐热和耐磨性要好。

(3) 缠绕制品在加工时，由于其缠绕成型的特点和加工中的过热及震动，容易产生分层、起皮、撕裂等现象，所以要考虑切削力方向，选择适当的切削速度。

(4) 复合材料制品中的树脂不耐高温，高速切削时胶黏状碎屑遇冷又硬化，碎屑极易黏刀，所以切削速度不能太高。

(5) 制品在机械加工过程中，会产生大量粉尘，因此必须采取有效的除尘通风措施。

五、思考题

1. 试述缠绕成型过程中影响缠绕效率的因素。
2. 如果在缠绕过程中纤维发生打滑，试分析导致这种现象发生的原因。

六、参考文献

[1] 张颖等. 复合材料成型工艺. 北京：机械工业出版社，2010.
[2] 黄家康. 复合材料成型技术及应用. 北京：化学工业出版社，2011.

第十一单元 复合材料手糊成型工艺

实验 24 复合材料手糊成型工艺

高分子材料的手糊成型又称手工裱糊成型、接触成型，指在涂好脱模剂的模具上，采用手工作业，一边铺设增强材料（增强材料如：玻璃布、无捻粗纱方格布、玻璃毡），一边涂刷树脂（树脂一般用环氧树脂或不饱和聚酯树脂），直到所需塑料制品的厚度为止，然后通过固化和脱模而取得塑料制品的成型工艺。手糊成型属生产增强塑料制品的成型工艺之一。

一、实验目的

1. 通过手糊玻璃纤维布增强不饱和聚酯树脂，掌握复合材料手糊成型的基本方法。

2. 进行玻璃纤维预处理，并设计树脂固化剂配方，培养和提高综合应用复合材料实验技术的能力。

二、实验原理

手工铺层糊制分湿法和干法两种：①干法铺层：预浸布为原料，先将预浸好的料（布）按样板裁剪成坯料，铺层时加热软化，然后再一层一层地紧贴在模具上，并注意排除层间气泡，使密实。此法多用于热压罐和袋压成型。②湿法铺层：直接在模具上将增强材料浸胶，一层一层地紧贴在模具上，排除气泡，使之密实。一般手糊工艺多用此法铺层。湿法铺层又分为胶衣层糊制和结构层糊制。

手糊工具对保证产品质量影响很大，常用手糊工具有羊毛辊、猪鬃辊、螺旋辊及电锯、电钻、打磨抛光机等。

制品固化分硬化和熟化两个阶段：从凝胶到三角化一般要 24h，此时固化度达 50%～70%（巴柯尔硬度为 15），可以脱模，脱模后在自然环境条件下固化 1～2 周才能使制品具有力学强度，称熟化，其固化度达 85%以上。加热可促进熟化过程，对聚酯玻璃钢，80℃加热 3h，对环氧玻璃钢，后固化温度可控制在 150℃以内。加热固化方法很多，中小型制品可在固化炉内加热固化，大型制品可采用模内加热或红外线加热。

手糊成型工艺中常见的缺陷如下。

(1) 气泡　在糊制模具时，常由于树脂用量过多，胶液中气泡含量多，树脂胶液黏度太大，增强材料选择不当，玻璃丝布铺层未压紧密等原因造成模具及型腔表面有大量气泡产生，这严重影响了模具的质量和表面粗糙度。目前常采用控制含胶量，树脂胶液真空脱泡，添加适量的稀释剂（如丙酮），选用容易浸透树脂的玻璃丝布等措施减少气泡的产生。

(2) 流胶　手工糊制模具时，常出现胶液流淌的现象。造成流胶的原因主要表现为：①树脂黏度太低；②配料不均匀；③固化剂用量较少。常采用加入填充剂提高树脂的黏度（如二氧化硅），适当调整固化剂的用量等措施，以避免流胶现象的出现。分层：由于树脂用量不足及玻璃丝布铺层未压紧密，过早加热或加热温度过高等，都会引起模具分层。因此，在糊制时，要控制足够的胶液，尽量使铺层压实。树脂在凝胶前尽量不要加热，适当控制加热温度。

(3) 裂纹　在制作和使用模具时，我们常能看到在模具表面有裂纹现象出现，导致这一现象的主要原因是由于胶衣层太厚以及受不均匀脱模力的影响。因此，模具胶衣的厚度应严格控制。在脱模时，严禁用硬物敲打模具，最好用压缩空气脱模。

三、仪器设备和材料

1. 仪器设备

电子天平	1台	电动搅拌器	1台	烧杯（500mL）	2只
模具	1台	刮刀	1把	剪刀	1把
羊毛辊	1把	量筒（20mL）	1只	烧杯（100mL）	2只

2. 材料

不饱和聚酯树脂	UP（未预促进）	过氧化甲乙酮	MEKP固化剂
玻璃纤维方格布	若干	异辛酸钴	促进剂
脱模剂	NC-55		

四、实验步骤

1. 模具的表面处理

模具在重复使用过程中，表面会产生一定的缺陷，这将直接影响成型后制品的尺寸误差和表面粗糙度。因此，必须对模具表面进行打磨、抛光等处理，以提高模具表面的光滑程度，只有使模具表面足够光滑，才能保证制作的玻璃钢制品表面的光洁度。

2. 涂刷脱模剂

制品固化后，需要从模具上拿下来，才能进行后面的加工，但树脂固化后很可能在制品与模具间产生机械或化学的链接，导致脱模困难，所以手糊成型前必须在模具表面涂刷脱模剂，脱模剂在两界面间起到润滑分离作用。涂刷脱模剂时，一定要涂均匀、周到，并反复涂刷2～3遍，待前一遍涂刷的脱模剂干燥后，方可进行下一遍涂刷。

3. 树脂胶液配制

将100份UP（未预促进）和2～4份（质量份）的过氧化甲乙酮混合于干净的容器中，采用电动搅拌器或手工搅拌均匀后，再加入0.5～1份的促进剂，迅速搅拌，尽量除去树脂胶液中的气泡，即可使用。

4. 玻璃纤维逐层糊制

待脱模剂硬化，手感软而不黏时，将调配好的不饱和聚酯树脂胶液涂刷到经涂刷脱模剂的模具上，随即铺一层玻璃纤维方格布，压实，排出气泡。玻璃纤维以NC—UP—R—UP—R—UP…（NC表示脱模剂层，UP表示不饱和聚酯树脂胶液，R表示0.2mm玻璃纤维方格布）的积累方法进行逐层糊制，直到所需厚度。在糊制过程中，要严格控制每层树脂胶液的用量，既要能充分浸润纤维，又不能过多。含胶量高，气泡不易排除，而且造成固化放热大，收缩率大。整个糊制过程实行多次成型，每次糊制2～3层后，要待固化放热高峰过了之后（即树脂胶液较黏稠时，在20℃一般60min左右），方可进行下一层的糊制。糊制时玻璃纤维布必须铺覆平整，玻璃布之间的接缝应互相错开，尽量不要在棱角处搭接。要注意用毛刷将布层压紧，使含胶量均匀，赶出气泡，有些情况下，需要用尖状物，将气泡挑开。

5. 脱模修整

在常温（20℃左右）下糊制好的制品，一般48h基本固化定型，即能脱模。脱模要保证制品不受损伤。脱模方法有如下几种：①顶出脱模：在模具上预埋顶出装置，脱模时转动螺杆，将制品顶出。②压力脱模：模具上留有压缩空气或水入口，脱模时将压缩空气或水（0.2MPa）压入模具和制品之间，同时用木锤和橡胶锤敲打，使制品和模具分离。③大型制品（如船）脱模可借助千斤顶、吊车和硬木楔等工具。④复杂制品可采用手工脱模方法先在模具上糊制二三层玻璃钢，待其固化后从模具上剥离，然后再放在模具上继续糊制到设计厚度，固化后很容易从模具上脱下来。

修整分两种：一种是尺寸修整，另一种缺陷修补。①尺寸修整：成型后的制品，按设计尺寸切去超出多余部分；②缺陷修补：包括穿孔修补，气泡、裂缝修补，破孔补强等。

五、思考题

1. 试述手糊成型过程中影响制品质量的因素。
2. 分析导致脱模困难现象发生的原因有哪些？

六、参考文献

[1] 张颖等. 复合材料成型工艺. 北京：机械工业出版社，2010.
[2] 黄家康. 复合材料成型技术及应用. 北京：化学工业出版社，2011.

第三篇　高分子制品性能表征与测试

第十二单元　塑料力学性能测定

实验 25　塑料拉伸强度测定

塑料是日常生产、生活中广泛应用的一种高分子材料，所以塑料的拉伸性能就成为考察塑料质量好坏的一项重要指标，拉伸强度的高低很大程度上决定着塑料的应用领域。

一、实验目的

1. 掌握塑料拉伸强度的测定方法，并通过被测试材料的应力-应变曲线判断材料的类型。

2. 熟悉电子拉力机原理及使用方法。

3. 通过塑料拉伸强度的测定，提高综合应用高分子实验技术和实验仪器的能力。

二、实验原理

拉伸强度是指在规定的温度、湿度和加载速度条件下，标准试样上沿轴向施加拉伸力直到试样被拉断为止，计算断裂前试样所承受的最大载荷。

拉伸强度可通过拉伸实验进行测定。通过拉伸实验测得材料在不同应变阶段的应力的大小，进而绘制应力-应变曲线。通过应力-应变曲线得到材料的拉伸强度、拉伸断裂应力、拉伸屈服应力、偏置屈服应力和断裂伸长率等各项拉伸性能指标，进而对材料的拉伸性能做出评价。应力-应变曲线下方所包围的面积代表材料的拉伸破坏能，它与材料的强度和韧性相关。强而韧的材料，拉伸破坏能大，使用性能优良。

（1）定义　拉伸应力：试样在拉伸时产生的应力，其值为所施加的力与试样的原始截面积之比。

伸长率：由于拉伸应力而引起试样形变，其值称为伸长率，用伸长增量与原长之比的百分数表示。

拉伸强度：试样拉伸至断裂过程的最大拉伸应力。

断裂拉伸强度：拉伸试样在断裂时所记录的拉伸应力。

屈服点：应力-应变曲线上，应力不随应变增加的初始点。

应变：材料在应力作用下，产生的尺寸变化与原始尺寸之比。

（2）应力-应变曲线　根据拉伸实验得到的应力（σ）、应变（ε），以应力为纵坐标，相应的应变值为横坐标绘成曲线，便得到应力-应变曲线（图 25-1）。

应力-应变曲线一般分为两个部分：弹性变形区和塑性变形区。在弹性变形区，材料主要发生弹性形变，应力和应变的增加遵循虎克定律，呈正比例关系，材料发生形变后能够完全恢复。而在塑性形变区，应力和应变增加不再遵循虎克定律，材料的形变是不可恢复的，试样被拉伸直至断裂。

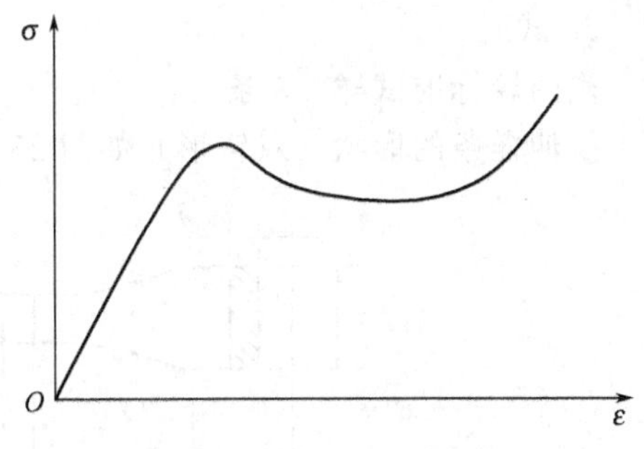

图 25-1　拉伸应力-应变曲线

对于不同的高分子材料，由于结构上的差异，其应力-应变曲线所表现出的形状也不同。目前大致可归纳成 5 种类型，如图 25-2 所示。

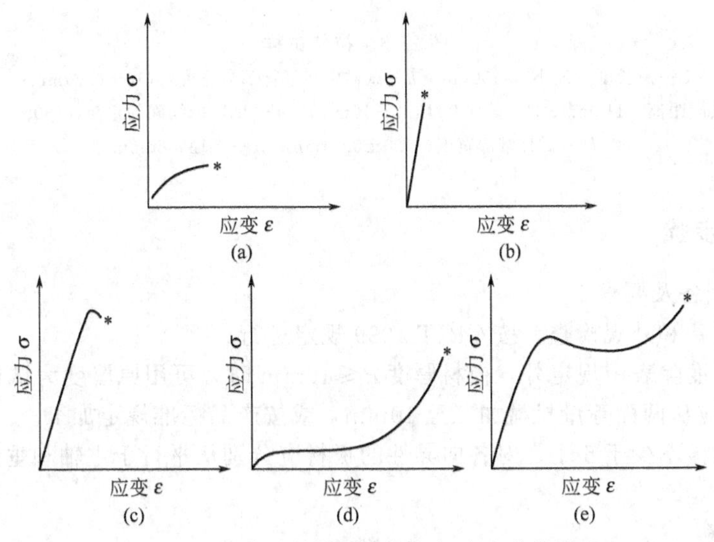

图 25-2　高分子材料的拉伸应力-应变曲线类型

① 软而弱 [图 25-2(a)]：拉伸强度低，弹性模量小，且伸长率也不大，如溶胀的凝胶等。

② 硬而脆 [图 25-2(b)]：拉伸强度和弹性模量较大，断裂伸长率小，如聚苯乙烯等。

③ 硬而强 [图 25-2(c)]：拉伸强度和弹性模量大，且有适当的伸长率，如硬聚氯乙烯等。

④ 软而韧 [图 25-2(d)]：断裂伸长率大，拉伸强度也较高，但弹性模量低，如天然橡胶、顺丁橡胶等。

⑤ 硬而韧 [图 25-2(e)]：弹性模量大、拉伸强度和断裂伸长率也大，如聚对苯二甲酸乙二醇酯、尼龙等。

由以上 5 种类型的应力-应变曲线，可以看出不同高分子材料的断裂过程。

拉伸实验是用标准形状的试样，在规定的实验条件下对试样沿纵轴方向施加静态拉伸负荷，使其破坏。通过测定试样的屈服力、破坏力和试样的伸长来求得试样的拉伸强度和伸长率。

三、仪器和试剂

1. 仪器

电子拉力机	1 台	游标卡尺	1 支	直尺	1 支
千分尺	1 支	记号笔	1 支		

2. 试剂

聚丙烯标准试样 5条

拉伸样条的形状（双铲形）如图25-3所示。

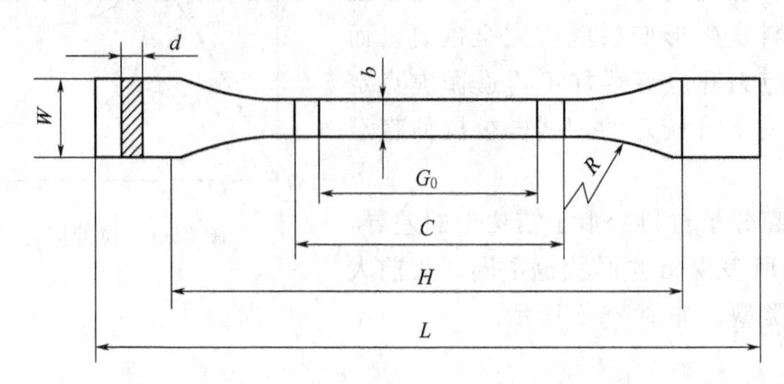

图25-3 拉伸试样

L—总长度（最小），150mm；b—试样中间平行部分宽度，(10±0.2)mm；
C—夹具间距离，115mm；d—试样厚度，2～10mm；G_0—试样标线间的距离，(50±0.5)mm；
H—试样端部宽度，(20±0.2)mm；R—半径，60mm

四、实验步骤

1. 试样的制备及要求

（1）试样制备和外观检查，按GB/T 1039规定进行。

（2）试样厚度除表中规定外，板材厚度$d \leqslant 10$mm时，可用原厚度为试样厚度；当厚度$d > 10$mm时，应从两面等量机械加工至10mm，或按产品标准规定加工。

（3）每组试样不少于5个，对各向异性的板材应分别从平行于主轴和垂直于主轴的方向各取一组试样。

2. 测试步骤

（1）调节试样状态和实验环境。

（2）记录试样情况，在试样中间平行部分作标志线，记录标志线情况。

（3）精确测量试样细颈处的宽度和厚度，并在细颈部分划出长度标记。每个试样测量3次，取平均值。

（4）检查夹具，根据实际情况夹持试样，要使试样纵轴与上、下夹具中心线相重合，并且要松紧适宜，防止试样滑脱或断在夹具内。

（5）根据材料和试样类型选择合适的实验速度。选择实验机载荷，以断裂时载荷处于刻度盘的1/3～4/5范围之内最合适。对于软质热塑性塑料，拉伸速度可取50mm/min，100mm/min，200mm/min，500mm/min。

（6）运行拉力机，进行实验，记录实验数据。

（7）试片拉断后，打开夹具取出试片，重复步骤（3）～（5），进行其余样条测试。若试样断裂发生在中间平行部分之外时，此试样作废，取试样重新进行测试。

（8）实验结束后，关闭仪器和电源，处理实验数据。

五、实验结果与处理

（1）拉伸强度或拉伸断裂应力、拉伸屈服应力、偏置屈服应力按下式计算：

$$\delta_t = P/bd$$

式中　δ_t——拉伸强度或拉伸断裂应力、拉伸屈服应力、偏置屈服应力；

P——最大破坏载荷，N；

b——试样宽度，mm；

d——试样厚度，mm。

（2）断裂伸长率按下式计算：

$$\varepsilon_t=\frac{G-G_0}{G_0}\times 100\%$$

式中　ε_t——断裂伸长率，%；

G_0——试样原始标距，mm；

G——试样断裂时标线间距离，mm。

（3）标准偏差值按下式计算：

$$S=\sqrt{\frac{\sum(X_i-\overline{X})^2}{n-1}}$$

式中　S——标准偏差值；

X_i——单个测定值；

$\overline{X}$——一组测定值的算数平均值；

n——测定个数。

计算结果以算术平均值表示，δ_t取3位有效数值；ε_t、S取2位有效数值。

六、思考题

1. 拉伸实验可以测定哪些力学性能？对拉伸试件有什么基本要求？
2. 一般塑料的拉伸强度为多少？
3. 对于哑铃形试样如何使试样在拉伸时在有效部分断裂？

七、参考文献

[1]　顾宜. 材料科学与工程基础. 2版. 北京：化学工业出版社，2011.
[2]　塑料力学性能实验方法总则. 中华人民共和国国家标准　GB/T 1039—1992.
[3]　刘建平等. 高分子科学与材料工程实验. 2版. 北京：化学工业出版社，2017.

实验26　塑料冲击强度测定

材料力学实验的目的在于通过测定材料的强度和刚度等基本性能，得到生产质量的控制和质量验收的依据，同时实验结果还可作为材料应用的使用性能指标和工程设计的基本数据。冲击实验是测定材料在高速冲击状态下的韧性或对断裂的抵抗能力。通过冲击强度实验，可以评价塑料在高速冲击状态下抵抗冲击的能力。

一、实验目的

1. 加深对塑料冲击强度概念的理解，熟悉高分子材料冲击性能测试的方法、操作及其实验结果处理，了解测试条件对测定结果的影响。

2. 学会简支梁冲击实验机的使用及塑料冲击强度的测量方法。

二、实验原理

冲击强度是塑料韧度的主要指标，可以评价塑料高速冲击状态下抵抗冲击的能力或判断塑料的脆性和韧性程度。测量冲击强度有两种实验方法：一种是摆锤式冲击实验，另一种是落球式冲击实验，其中摆锤式冲击实验最为常用，摆锤式冲击实验又分为悬臂梁式和简支梁式冲击实验。国内对塑料冲击强度的测定一般采用简支梁式摆锤冲击实验机进行，其工作原理如图 26-1 所示。试样可分为无缺口和有缺口两种。有缺口的抗冲击测定是模拟材料在恶劣环境下受冲击的情况。

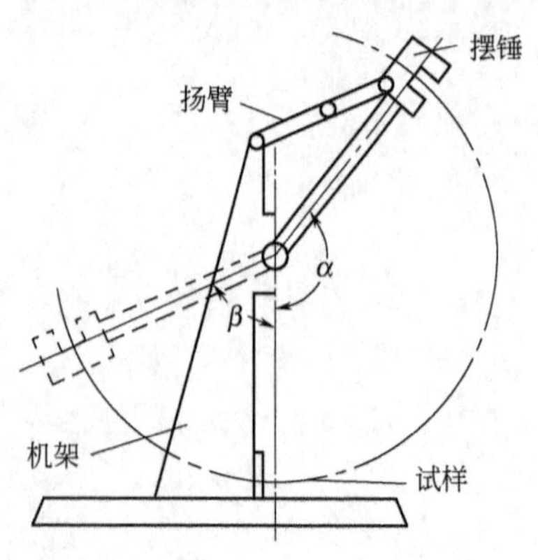

图 26-1 摆锤式冲击实验工作原理

冲击实验时，摆锤从垂直位置挂于机架扬臂上，把扬臂提升一扬角 α，摆锤就获得了一定的位能。释放摆锤，让其自由落下，将放于支架上的样条冲断，向反向回升时，推动指针，从刻度盘读出冲断试样所消耗的功 A，就可计算出冲击强度：

$$\sigma=\frac{A}{bd}$$

b、d 分别为试样宽及厚，对有缺口试样，d 为除去缺口部分所余的厚度。从刻度盘上读出的数值，是冲击试样所消耗的功，这里面也包括了样品的“飞出功”，以关系式表示为：

$$WL(1-\cos\alpha)=WL(1-\cos\beta)+A+A_\alpha+A_\beta+\frac{1}{2}mV^2$$

W 为摆锤重；L 为摆锤摆长；α、β 分别为摆锤冲击前后的扬角；A 为冲击试样所耗功；A_α、A_β 分别为摆锤在 α、β 角度内克服空气阻力所消耗的功；$\frac{1}{2}mV^2$ 为“飞出功”，一般认为后三项可以忽略不计，因而可以简写成：

$$A=WL(\cos\beta-\cos\alpha)$$

对于一固定仪器，α、W、L 均为已知，因而可据 β 大小，绘制出读数盘，直接读出冲击试样所耗功。

三、仪器和试剂

1. 仪器

简支梁冲击实验机	1 台	游标卡尺	1 支	直尺	1 支
千分尺	1 支	记号笔	1 支		

2. 试剂

聚丙烯标准试样　　5 条　　规格：120mm×15mm×10mm

四、实验步骤

1. 试样的制备及要求

(1) 试样长 (120±2)mm，宽 (15±0.2)mm，厚 (10±0.2)mm。缺口试样：缺口深度为试样厚度的 1/3，缺口宽度为 (2±0.2)mm，缺口处不应有裂纹。

（2）单面加工的试样，加工面朝冲锤，缺口试样，缺口背向冲锤，缺口位置应与冲锤对准。

（3）热固性材料在（25±5）℃，热塑性塑料在（25±2）℃，相对湿度为（65±5）%的条件下放置不少于16h。

（4）每个样品样条数不少于5个。

2. 测试步骤

（1）校验冲击实验机的零点，检查和调整被动指针的位置，使摆锤在铅垂位置时主动指针与被动指针靠紧，指针指示的位置与最大指标值相重合。

（2）根据材料及选定实验方法，装上适当的摆锤。

（3）空击实验：以检查指针装配是否良好，空击值误差应在规定范围内。

（4）根据实际需要，调整支承刀刃的距离为70mm或40mm。

（5）按标准方法规定调节好跨度，放好试样，试样放置在托板上，其侧面应与支承刀刃靠紧，若带缺口的试样，应用0.02mm的游标卡尺找正缺口在两支承刀刃的中心。

（6）测量试样中间部位的宽和厚，准确至0.05mm，缺口试样测量缺口的剩余厚度。

（7）一切准备好之后，进行冲击实验。由刻度盘读取冲断试样所消耗的功。凡试样未被冲断或未断在三等分中间部分或缺口处，该试样作废，另补试样实验。

（8）将试样用反置冲击方式，重复实验步骤（3）至（8）。

五、实验结果与处理

1. 无缺口试样简支梁冲击强度按下式计算：

$$\alpha=\frac{A}{bd}\times10^{-3}$$

式中 α——简支梁冲击强度，kJ/m^2；

A——试样吸收的冲击能量，J；

b——试样宽度，m；

d——试样厚度，m。

2. 缺口试样简支梁冲击强度按下式计算：

$$\alpha_k=\frac{A_k}{bd_k}\times10^{-3}$$

式中 α_k——缺口试样简支梁冲击强度，kJ/m^2；

A_k——破坏试样吸收的冲击能量，J；

b——试样宽度，m；

d_k——试样缺口底部剩余厚度，m。

六、思考题

影响塑料冲击强度的因素有哪些？

七、参考文献

[1] 塑料悬臂梁冲击强度的测定. 中华人民共和国国家标准 GB/T 1843—2008.

[2] 吴智华. 高分子材料加工工程实验教程. 北京：化学工业出版社，2004.

实验 27　塑料老化性能测定

塑料在使用、贮存和运输过程中，很容易受温度的影响而发生老化，最后以至于失去使用价值。为了研究塑料的耐热性能和开发新型的耐热材料，热老化实验已成为重要的实验研究手段之一。

一、实验目的

1. 了解表征热老化性能的实验方法。
2. 了解热空气老化箱的结构、工作原理。
3. 掌握热空气老化性能指标的表征方法及数据分析。

二、实验原理

热空气老化实验是塑料在高温常压下的空气中进行的最常用的老化实验，也称热氧老化实验。热老化实验是指将塑料试样置于给定条件的热老化实验箱中，使其经受热和氧的加速老化作用，可以用来评价塑料对高温的适应性以及材料高温适应性的相互比较。

三、仪器和试剂

1. 仪器

热空气老化实验箱	1台	控温仪	1台	温度计	1支

2. 试剂

聚丙烯标准试样	5条	按拉伸实验标准制备

四、实验步骤

1. 实验条件选择

(1) 根据实验需要，老化温度可选择 50℃、70℃、100℃、120℃、150℃、200℃、300℃等。从 50℃到 100℃，温度允许偏差±1℃，从 101℃到 200℃，温度允许偏差±2℃，从 201℃到 300℃，温度允许偏差±3℃。

(2) 老化时间可选为 24h、48h、72h、96h、144h 或更长的时间。

2. 测试步骤

(1) 调节实验箱：根据有关标准对试样的要求调节实验温度、均匀性、平均风速及换气率等参数。

(2) 放置试样：将老化箱调至所需要的温度，稳定后，把试样呈自由状态悬挂在老化箱中进行老化实验。试样间距不小于 10mm，试样与箱壁之间的距离不得小于 70mm。当实验区域的温度分布不符合规定时，可缩小实验区域，直到符合规定为止。

(3) 周期取样：试样放入恒温的老化箱内，即开始计算老化时间，到达规定的老化时间时，立即取出。按规定或预定的实验周期依次从实验箱中取样，直至实验结束。

(4) 性能检测：取出的试样在温度 (23±2)℃下停放 4h 至 96h，根据所选定的项目，按有关塑料性能测试方法，检测暴露前、后试样性能的变化。

(5) 变换实验条件，重复步骤（3）、(4)，测试材料在不同条件下的抗老化性能。

五、实验结果与处理

选择对塑料老化比较敏感的一种或几种性能的变化来评价其热老化性能，如质量的变化、拉伸强度、断裂伸长率、冲击强度、电导率等性能。

实验结果用性能百分变化率表示，计算方法如下：

$$\text{性能百分变化率}=\frac{A-O}{O}\times 100\%$$

式中　A——试样老化后的性能测定值；

O——试样老化前的性能测定值。

六、思考题

1. 如何选择合适的热空气老化实验的实验温度？
2. 热空气老化实验过程中换气量的大小对实验结果有怎样的影响？
3. 讨论本实验中可能引起实验误差的因素？

七、参考文献

[1]　塑料热老化实验方法. 中华人民共和国国家标准　GB/T 7141—2008.

第十三单元　纤维性能测定

实验 28　纤维细度与强度测定

化学纤维的科学基础是现代科学的重要组成部分和研究热点。化学纤维的形态、结构和性能上的特点使其用途不断扩展，至今化学纤维不仅是织布制衣的主要原料，而且在工农业、航空航天、医疗卫生、体育、环保以及国防军工等领域都有重要的用途，已经成为经济发展、国防建设不可缺少的重要材料。

化学纤维最重要、最基本的物性之一是其细度。因为纤维细度不仅是影响其力学性能的关键，如拉伸强度、弹性模量等，而且极大地影响着纤维的手感、外观和应用，同时也决定了纤维本身的制备工艺与制备成本。任何纤维必须具有一定的强力才有使用价值，因此强力也是纤维生产中最基本的测试项目。纤维在使用中受到拉伸、弯曲、压缩和扭转作用，产生不同的变形，但主要受到的外力是拉伸。纤维的弯曲性能也与它的拉伸性能有关。纤维材料的拉伸性能主要包括强力和伸长两方面。本实验主要介绍的是化学纤维细度与强度的测定。

一、实验目的

1. 了解 XD-1 型振动式细度仪与 XQ-1 型纤维强伸度仪的工作原理。

2. 掌握 XD-1 型振动式细度仪与 XQ-1 型纤维强伸度仪使用操作方法以及测定结果的数据处理。

二、实验原理

XD-1 型振动式细度仪（图 28-1），是利用弦振动原理测定纤维线密度的仪器，可直接显示线密度单值、平均值和变异系数，外接打印机可打印测试结果。本仪器由微处理器控制，采用自激震荡原理，测试精度高，操作简便，可减小人为实验误差。

图 28-1　XD-1 型振动式细度仪

XD-1 型振动式细度仪符合国家标准 GB/T 16256—1996、国际标准 ISO 1973—1995 和国际化学纤维标准化局（BISFA）的实验方法标准，适用于单根纤维的线密度测定，可广泛应用于化纤、纺织等生产企业、检验机构和科研单位。

XD-1 型振动式细度仪的结构如图 28-2，纤维试样 1 上端由夹持器 2 所握持，经上刀口 3 和下刀口 4，下端由张力夹 5 加以一定张力使纤维伸直。当放上纤维时，发光二极管 6 与光敏三极管 7 之间光路被遮断而产生一定的脉冲信号，通过放大器放大后送至激振器推动上刀口 3 移动。控制放大器输出信号的相位使上刀口推动纤维移动方向与原纤维运动方向一致，即整个闭环回路为正反馈时，纤维不加激振源即能自行振动于其固有振动频率上。放大器输出具有一定频率的正弦信号经整形电路变换为矩形脉冲后送入微机，根据公式计算纤维线密度值，将结果送至电子强伸度仪或直接打印输出。

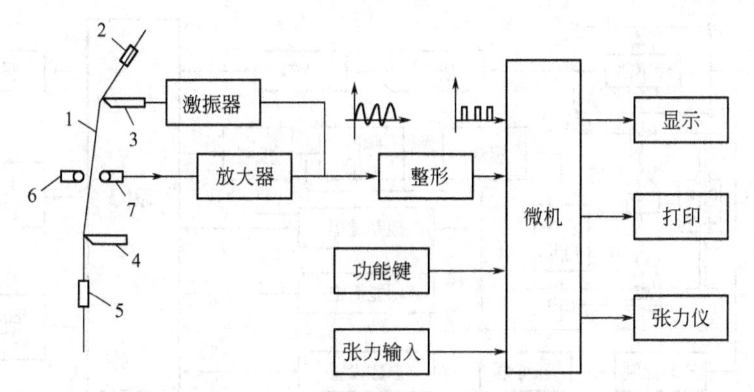

图 28-2　XD-1 型振动式细度仪结构图

XD-1 型振动式细度仪的原理如下：根据振动理论，纤维弦振动的固有振动频率为：

$$f=\frac{1}{2l}\left(\frac{T}{\rho}\right)^{1/2}\left[1+\frac{d^2}{4l}\left(\frac{E\pi}{T}\right)^{1/2}\right] \tag{28-1}$$

式中，l 为纤维的振弦长度；ρ 为纤维的线密度；d 为纤维直径；π 为纤维所受张力；E 为纤维杨氏模量。

当纤维直径 d 与长度 l 之比小得多时，纤维固有振动频率可表示为

$$f=\frac{1}{2l}\left(\frac{T}{\rho}\right)^{1/2} \text{或} \rho=\frac{4l^2 f^2}{T} \tag{28-2}$$

式中，ρ 的单位为 g/cm^3，l 的单位为 cm，张力 T 的单位为 g・cm/s^2，频率 f 单位为 Hz。

线密度单位转换为 dtex（分特），张力 T 单位转换成 cN（厘牛顿），式(28-2) 改写为：$\rho=2.5\times10^8 T/l^2 f^2$。当仪器振弦长度 l 固定为 20mm 时，纤维线密度为 $\rho=6.25\times10^7 T/f^2$。该式即为振动式细度仪设计的基本公式。在已知张力 T 的情况下，测量纤维固有振动频率 f，便可由上式推算出纤维的线密度。

XQ-1 型纤维强伸度仪（图 28-3）是测定纤维拉伸性能的实验仪器，可在纤维干态或湿态下进行一次拉伸实验，显示强力、伸长率及定伸长负荷的单值、平均值和变异系数。并可在外接的打印机或绘图仪上打印各次数据，绘出拉伸曲线。

仪器结构精密，测试精度高，性能稳定。采用气动夹持器夹持纤维，使用方便，可减小操作误差，提高实验工作效率。仪器负荷测量范围 0～100cN 或 0～200cN 或 0～300cN，夹持距离 10～50mm，下夹持器动程 100mm，实验速度 0～200mm/min。

XQ-1 型纤维强伸度仪符合国家标准 GB/T 14337—2008、国际标准 ISO 5079 和国际化学纤维标准化局（BISFA）的实验方法标准，适用于各种单根化学纤维和天然纤维拉伸性能的测定。可广泛应用于化纤、纺织等生产企业、检验机构和科研

图 28-3　XQ-1 型纤维强伸度仪

单位。

XQ-1 型纤维强伸度仪原理如图 28-4 所示。XQ-1 型纤维强伸度仪与 XD-1 型细度仪联机使用，可测定单根纤维的比强度，并可计算出各根纤维的初始模量和断裂比功。

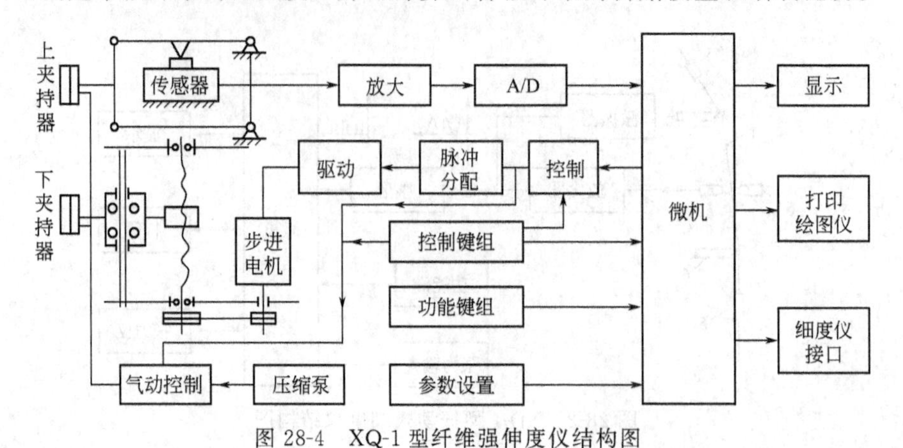

图 28-4 XQ-1 型纤维强伸度仪结构图

三、仪器和试剂

1. 仪器

XD-1 型振动式细度仪	1 套	XQ-1 型纤维强伸度仪	1 套

2. 试剂

聚丙烯腈纤维	1 卷

四、实验步骤

1. 纤维细度仪的校准

切取一定长度且线密度均匀的化纤长丝数根，用分度值为 0.01mg 的精密扭力天平称重后，计算其平均线密度。然后将该长丝试样切成短纤维片段，用振动仪逐根测量所有切断的短纤维的线密度后计算其平均值，根据称重法和振动法仪器所得线密度比值，确定 XD-1 型振动式细度仪校正拨盘所应设置值。以上方法振动仪测试纤维不少于 100 根。

2. 纤维的细度测定

在测量纤维强力以前，先进行纤维线密度测试。首先在拨盘上设置张力大小，其数值应与纤维所用张力夹的质量一致。将被测纤维试样放入振动式细度仪的振动传感器中，纤维会立即自动起振，并在显示器上指示出纤维的线密度值。显示器还可显示纤维振动频率和单位线密度张力值。振动式细度仪也可作为单机使用，所测纤维线密度值由打印机打印出。

3. 纤维的强度测定

同一根纤维在用振动式细度仪测完线密度后，再放入纤维强伸度仪的上夹持器和下夹持器中。按操作钮使上下夹持器闭合，下夹持器自动下降拉伸纤维。纤维断裂后通过控制电路使下夹持器自动回升，上下夹持器自动打开，显示器上显示试样断裂强力、断裂伸长率、定伸长负荷以及实验次数。拨盘还可设置试样拉伸速度。将细度仪与强伸度仪联用，纤维线密度测量结果值经通讯线送入纤维强伸度仪的微机接口，这样打印机可打印纤维线密度、比强度、模量和断裂比功的单值和统计值，绘制纤维负荷-伸长曲线。

五、实验结果与处理

测定项目	第一次	第二次	第三次	平均值
纤维细度/dtex				
定伸长(10%)负荷/cN				
最大伸长率				
纤维强度/cN				
纤维比强度/(cN/dtex)				

六、常见问题及解决方法

从 XD-1 型纤维细度仪测定出的纤维细度的值结果异常，可能的原因主要有两个：第一个原因是所取的纤维为两根，或者分叉，或者吸附了异物。这种情况下的解决方法是，取下纤维，拆下或者更换一根纤维，并把纤维表面清理干净再重新测试；第二个可能原因是前一次测试的纤维黏附在夹持器上没有取下来。这种情况的解决方法是，先取下纤维，然后用镊子小心将残留纤维清理干净，重新测试。

七、思考题

1. 纤维细度仪的测定原理是什么？
2. 纤维比强度是怎样定义的？

八、参考文献

[1]　严文源，王正伟，李汝勤. 纺织学报，1997，18：116.
[2]　李汝勤，严文源，施德梁. 纤维标准与检验，1995，(12)：15.

第十四单元　高分子材料导电性能测定

实验 29　高分子材料导电性能测定

导电高分子材料通常分为复合型和结构型两大类。复合型导电高分子材料由通用的高分子与各种导电性物质复合而制得；结构型导电高分子材料是高分子结构本身或经过掺杂之后具有导电功能的材料，又称本征型导电高分子材料，一般具有线型或面型大共轭体系，其成键和反键能带之间的能隙较小，在热或光的作用下通过共轭 π 电子的活化而进行导电，电导率一般在半导体范围，采用掺杂技术可使这类材料的导电性能大大提高。第一个高导电性的结构型高分子材料是 1977 年发现的经碘掺杂处理的聚乙炔，其后又相继开发了聚吡咯、聚对苯、聚苯硫醚、聚苯胺、聚噻吩等导电高分子材料。相对于其他共轭高分子而言，聚苯胺原料易得、合成简单、具有较高的导电性和环境稳定性，在金属防腐涂料、人工肌肉、可充电电池、导电涂料和导电膜、电磁屏蔽、传感器、抗静电保护、电子仪器和电致发光材料等方面有着广泛的应用前景。因此，聚苯胺一直是导电高分子研究的热点和最受关注的品种之一。本实验通过化学氧化法合成聚苯胺，并用简化的四电极法粗略测量聚苯胺的电导率。

一、实验目的

1. 通过水溶液中的化学氧化聚合，掌握聚苯胺的合成与掺杂的基本方法。

2. 了解四探针法测量电导率的基本原理，掌握简化的四电极法粗略测量聚苯胺电导率的方法。

二、实验原理

常用的聚苯胺合成方法有两大类：化学氧化合成法与电化学合成法。化学氧化合成法适宜大批量合成聚苯胺，易于进行工业化生产；电化学合成法适宜小批量合成特种性能聚苯胺，多用于科学研究。化学氧化法制备聚苯胺通常是在酸性介质中，采用水溶性引发剂引发单体发生氧化聚合。所用的引发剂主要有 $(NH_4)_2SO_8$、$K_2Cr_2O_7$、$FeCl_3$、H_2O_2 等，其

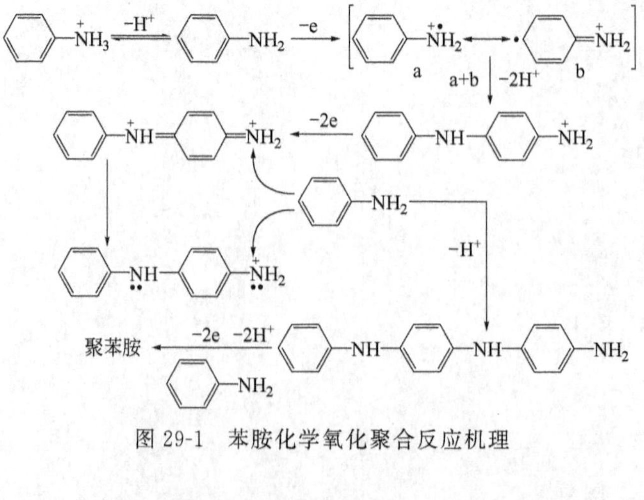

图 29-1　苯胺化学氧化聚合反应机理

中 $(NH_4)_2SO_8$ 由于不含金属离子，氧化能力强，后处理方便，是目前最常用的氧化剂。聚苯胺在酸性介质中合成的同时可能被掺杂，从而获得较高的导电率。

苯胺的化学氧化聚合机理目前还存在一些争议，得到较多认可的是 Wei 等提出的反应机理，如图 29-1所示。苯胺先被慢速氧化为阳离子自由基，两个阳离子自由基再按头-尾连接的方式形成二聚体。然后，该二聚体被快速氧化为醌式结构，该醌式结构的苯胺二聚体直接与苯胺单体发生聚合反应而形成三聚体。三聚体分子继续增长形成更高的聚合度，其增长方式与二聚体相似，链的增长主要按头-尾连接的方式进行。

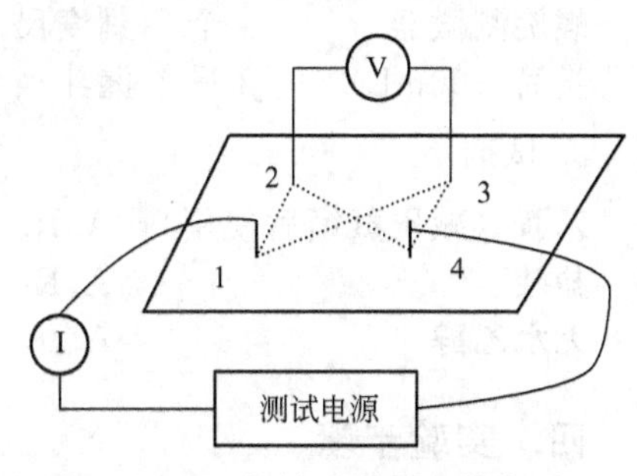

图 29-2　四探针法测量电导率原理

聚苯胺的电导率通常采用四探针法进行测量，其测量原理如图 29-2 所示。

将四个金探针电极分别放在样品的四个角，图 29-2 中用 1、2、3、4 表示，在 1、4 两电极间加上测试电流 I，在 2、3 两电极间检测所得的电压 V。则样品的电导率 σ 用式(29-1) 来计算：

$$\sigma = C\frac{I}{V_{23}} \tag{29-1}$$

其中，V_{23} 是探针 2、3 之间的电压值；I 为回路中的测试电流强度；C 为一个由实验装置决定的常数，其数值可由式(29-2) 计算：

$$C = \frac{1}{2\pi}\left(\frac{1}{r_{12}} - \frac{1}{r_{24}} - \frac{1}{r_{13}} + \frac{1}{r_{34}}\right) \tag{29-2}$$

其中，r_{12}、r_{24}、r_{13}、r_{34} 分别为是探针 1 与 2、2 与 4、1 与 3、3 与 4 之间的距离。

实际测量时，按图 29-2 接好电路。调节电源输出电流的大小，在一系列电流强度下测得相应的电压值，求 I/V_{23} 的平均值，代入式(29-1) 得到样品的电导率。

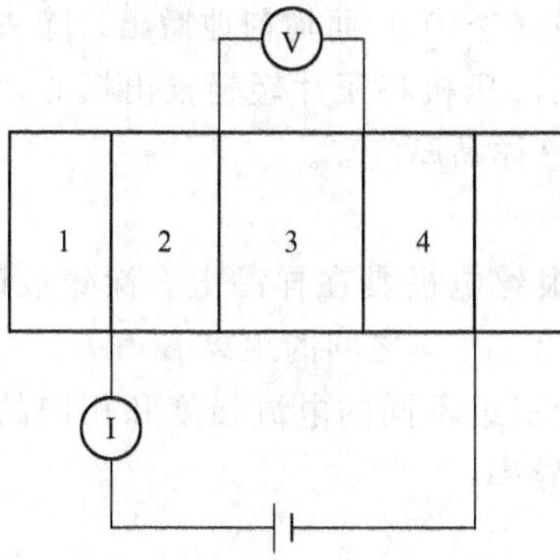

图 29-3　平行四电极法测量电导率原理

四探针测量法需要精心制作四个贵金属点电极，技术难度较大。而且对每一次电导率测量，都需重新精心制作四个贵金属点电极，工作繁琐。为简化测试操作，本实验用简化的平行四电极法粗略测量聚苯胺的电导率，其原理如图 29-3 所示。

在样品条上接上四个平行银丝电极，根据流过样品的电流 I 和电极 2 和 3 之间检测到的电压 V，便可求出电极 2 和 3 之间的样品电阻，再按式 (29-3) 就可算出被测样品的电导率：

$$\sigma = \frac{I}{V} \cdot \frac{L}{hd} \tag{29-3}$$

式中，L 为两个检测电极 2 和 3 之间的距离；d 为被测样品的厚度；h 为检测电极 1 和 4 之间的距离。

三、仪器和试剂

1. 仪器

电磁搅拌器	1台	真空干燥箱	1台	电子天平	1台
恒电流仪	1台	数字电压表和高精度检流计	1台	压片仪	1台
螺旋测微器	1个	刻度尺	1把	烧杯（500mL）	3只
量筒（50mL）	2只	漏斗	1个	滴液漏斗	1个

2. 试剂

苯胺（减压蒸馏后使用）	A. R.	过硫酸铵	A. R.
盐酸	A. R	丙酮	A. R.
无水乙醇	A. R.	导电银胶	

四、实验步骤

1. 聚苯胺的合成与掺杂

(1) 取500mL烧杯，加入100mL去离子水，40mL盐酸（1.0mol/L）和40mL无水乙醇，然后加入5.31g苯胺，充分搅拌混合均匀。

(2) 在上述溶液中缓慢滴加（20～40min）含有13g过硫酸铵的40mL（1.0mol/L）盐酸，边加边搅拌，在室温下反应4h。

(3) 将生成的乳状液倒入盛有丙酮的烧杯中破乳，静置1h后过滤，滤出的沉淀物分别用去离子水、乙醇、丙酮洗涤，最后将洗涤后的沉淀物放在真空干燥箱内60℃烘干24h。

2. 聚苯胺电导率的测量

(1) 聚苯胺样品条的制备

将模膛装在压片仪底座上，底模装入模膛（注意抛光面向上），在模心处加入约0.5g样品，防止粉末附着在模心的边缘，然后将柱塞轻轻地放在样品上转动两三次以使样品分布均匀，再将柱塞极缓慢地取出，随后将顶模面轻轻放入模心（抛光面向下），将柱塞置于其上。缓缓泵压至10T并保持2min，开启释气阀将压力极其缓慢（>10s）而均匀地撤出。除去模具底座，小心倒置模具（防止柱塞掉下），套上脱模圈，用液压机将压片轻轻推出模心，并用刀片揭取压片，将样品片切成长条形。用螺旋测微器测量样品厚度d。

(2) 聚苯胺电导率的测量

按照图29-3所示的位置，用导电银胶将四根平行的银丝电极黏在样品上。涂银胶时，注意要均匀，互相不能发生连接现象。分别测量电极2、3和1、4之间的距离L和h。

按图29-3连接电路，调节电源输出电流的大小，测量三组不同的电流强度和相应的电压值，求I/V_{23}的平均值，代入式(29-3)计算聚苯胺的电导率。

五、思考题

1. 试述苯胺化学氧化聚合的机理。
2. 简述四探针法和简化的平行四电极法测量聚苯胺电导率的原理。

六、参考文献

[1] Wei Y，Jang G W，Chan C C，et al. J. Phys. Chem. 1990，94：7716.
[2] Wei Y，Tang X，Sun Y，et al. J. Polym. Sci. 1989，27：2385.
[3] Wei Y，Hariharan R，Patel S A. Macromolecules，1990，23：758.
[4] 徐浩，延卫，冯江涛. 化工进展，2008，27：1561.
[5] 庞志成，胡玉春，罗震宁. 中国测试技术，2003，(4)：3.

第十五单元　高分子材料吸附性能测定

实验 30　原子吸收光谱法测定高分子材料对 Cu(Ⅱ) 的吸附性能

在金属离子吸附材料里面，高分子材料是最重要的一种。高分子吸附材料既包括聚苯乙烯、聚氯乙烯、聚乙烯醇等合成高分子，又包括壳聚糖、纤维素、淀粉等天然高分子。具有吸附性能的高分子材料正迅速进入人们的生产和生活领域中，目前已经成为重要的功能高分子材料之一。高分子材料对金属离子吸附性能的测定主要涉及的是水溶液中金属离子浓度的测定。目前检测水溶液中金属离子浓度的方法主要是原子吸收光谱法[1]。本实验主要利用原子吸收光谱法测定高分子材料对金属离子的吸附性能。

一、实验目的

1. 了解原子吸收分光光度计的基本结构及使用方法。
2. 掌握原子吸收分光光度法定量的基本原理。
3. 掌握原子吸收分光光度法的特点及应用。
4. 掌握高分子材料对金属离子吸附性能的测定方法。

二、实验原理

高分子材料对金属离子的吸附性能的优劣通常用吸附量的大小来表示，而吸附量通常定义为单位质量的吸附材料所吸附的金属离子的质量或摩尔量。吸附量可以通过静态吸附实验测量，吸附量受金属离子浓度、吸附时间、温度、pH 值等因素影响。一定质量（m，mg）的吸附剂加入到一定浓度（c_0，mmol/L）、一定体积（V，mL）的金属离子溶液中，吸附一段时间后固液分离并测定残余的金属离子浓度（c，mmol/L），则吸附量（Q，mmol/g）可通过下式计算：

$$Q=(c_0V-cV)/m \tag{30-1}$$

原子吸收光谱法是最常用的一种测定水溶液中金属离子浓度的方法。原子吸收光谱是基态原子蒸气吸收同种元素所发射的特征波长的光跃迁到激发态产生的。在使用锐线光源和较低的浓度范围内，基态原子蒸气对特征谱线的吸收符合朗伯比尔定律：

$$A=\lg(I_0/I)=KLN_0 \tag{30-2}$$

式中，A 为吸光度；I_0 为入射光强度；I 为透射光强度；K 为吸收系数；L 为光程长度，cm；N_0 为基态原子数。由于空心阴极灯所发射的特征谱线的半宽度，远远小于原子吸收谱线的半宽度，因此可以用峰值吸收来代替积分吸收，即可以认为基态原子数接近于被测原子总数 N，故有：

$$A=KLN_0\approx KLN \tag{30-3}$$

当测定条件一定时，L 为定值，且被测原子总数与被测组分的浓度 c 有着线性关系：

$$N=ac \tag{30-4}$$

将式(30-4) 代入式(30-3)，得

$$A=KLac=K'c \tag{30-5}$$

式(30-5)表明峰值度 A 与被测组分的浓度呈线性关系，这是原子吸收光谱法定量分析的基础。

原子吸收的测量仪器是原子吸收分光光度计，原子化器是原子吸收分光光度计的关键部件。依原子化器不同，原子吸收分光光度法分为火焰原子吸收和无火焰原子吸收。火焰原子吸收法是目前使用最广泛的一类分析方法。在其测量过程中，影响信号的因素很多，如火焰的种类、观测高度、进样系统的溶液提升度及雾化效度、空心阴极灯的位置及灯电流的大小等。为了获得较高的灵敏度和准确的实验结果，应通过实验来选择最佳测定条件。

本实验主要是用高分子离子交换树脂吸附水溶液中的Cu(Ⅱ)离子，用原子吸收光谱法测定残余Cu(Ⅱ)离子，进而计算吸附量，考察高分子离子交换树脂对Cu(Ⅱ)的吸附性能。

三、仪器和试剂

1. 仪器

美国瓦里安原子吸收分光光度计，型号AA240

往复震荡摇床	1台	电子天平	1台	真空干燥箱	1台
超声波清洗器	1台	锥形瓶	1台	布氏漏斗	1只
容量瓶（50mL）	10只	具塞锥形瓶（100mL）	5只	烧杯（100mL）	5只
容量瓶（100mL）	2只	容量瓶（500mL）	2只		

2. 试剂

硫酸铜	A. R.	离子交换树脂	工业品
盐酸	A. R.	氢氧化钠	A. R.
蒸馏水	自制		

四、实验步骤

1. 静态吸附实验

准确称取一定量的离子吸附剂置于干燥的100mL具塞锥形瓶中，加入50mL一定浓度的Cu(Ⅱ)离子溶液，在往复震荡摇床保持震荡。一段时间后将吸附液用干燥的布氏漏斗抽滤，滤液用原子吸收光谱法测定Cu(Ⅱ)浓度，通过残余的Cu(Ⅱ)离子浓度可以计算出吸附量。

2. 原子吸收光谱法测定Cu(Ⅱ)浓度

（1）标准溶液的配制　吸取硫酸铜标准使用溶液分别放入5个100mL容量瓶中，用蒸馏水定容、摇匀后，分别得到浓度为0.25μg/mL，0.50μg/mL，1.50μg/mL，2.50μg/mL，5.00μg/mL铜标准溶液。

（2）样品预处理　取吸附后的滤液适量用蒸馏水稀释到标准曲线范围内的浓度，备用。

（3）样品测定

① 按规范的操作程序启动原子吸收分光光度计，通过仪器工作站的软件，选择或设置待测元素的测定条件及参数，待仪器自检（漏气、光路及测定参数）就绪后，可以测定样品。

② 仪器先用蒸馏水调零后，按次序分别吸入标准样和试样，测量其吸光度。在仪器工作站上，直接读出试样中的金属浓度值即可（可保存、打印标准曲线或标准方程）。

五、实验结果与处理

1. 根据原子吸收光谱计算残余Cu(Ⅱ)离子浓度（c，mg/L）：

$$c = m/V \quad (30\text{-}6)$$

式中，m 为从校准曲线上查出或仪器直接读出的被测金属量，μg；V 为分析用的水样体积，mL。

2. 根据式(30-1) 计算高分子离子交换树脂对 Cu(Ⅱ) 的吸附量。

六、常见问题及解决方法

乙炔为易燃气体，必须严格按照操作步骤进行。在点燃乙炔火焰前，应先开空气，然后开乙炔气。结束或暂停实验时，应先关乙炔气，再关空气。必须切记以保障安全。

七、思考题

1. 简述原子吸收分光光度分析法的基本原理。
2. 从原理上比较原子吸收光谱法与分光光度法的异同点。
3. 原子吸收法定量分析的依据是什么?

八、参考文献

[1] 陈厚等. 高分子材料分析测试与研究方法. 2 版. 北京：化学工业出版社，2018.

附：Varian AA240 型原子吸收光谱仪简明操作规程（火焰法）

1. 辅助系统检查

打开空压机，出口压力调节到 350kPa 左右。

打开乙炔瓶，出口压力调节到左右。乙炔气压力如低于 700kPa，请更换钢瓶，防止丙酮溢出。

2. 通电

打开通风系统。

开仪器电源。

开计算机，进入操作系统。

3. 运行

启动＜SpectrAA＞软件，进入仪器页面，单击工作表格“新建”，出现新工作表格窗口，在此输入方法名称，并按确定，进入工作表格的建立页面。

按添加方法，在“添加方法”窗口里，选择你要分析的元素（注意方法类型），按确定。重复此步，直到选择完所有待分析元素。

按“编辑方法”进入方法窗口。

在类型/模式中，将每一个元素进样模式选为“手动”。并注意火焰类型是否为软件默认的类型，否则需更改与仪器使用的火焰一致（从窗口下边进行元素切换）。

在“光学参数”中，设定并对应好每一个元素的灯位（从窗口下边进行元素切换）。

在“标样”中，输入每一个元素的标样浓度（从窗口下边进行元素切换）。

按确定，结束方法编辑。

如果以多元素快速序列分析，按“快速多元素 FS”，进入 FS 向导，一直按“下一步”，直至“完成”。

按“分析”进入工作表格的分析页面。

按“选择”，选择你要分析的样品标签（使要分析的标签变红），此时，开始或继续按钮将变实。再按选择，确认所选择的内容。

按“优化”，选择你要优化的方法后按确定，并按提示进行操作，确保每一个元素灯安装和方法设定一致。优化完毕后，按取消完成优化。

按“开始”，按软件提示进行点火，检查，并按软件提示安装灯，切换灯位以及提供空白，标样和样品溶液，直至完成分析。

4. 报告

单击“报告”，进入报告工作窗口的工作表格页面。

选择刚才分析的方法表格名称，按下一步进入选择页面。

选择你所分析的标签范围，按下一步进入设置页面。

设置你所需要报告的内容，再按下一步进入报告页面。

按“打印报告”，打印完毕，按关闭，返回工作报告窗口。

5. 关机

样品做完后，吸蒸馏水 3～5min，清洗雾化器系统。

关闭乙炔气瓶阀（若火焰已经熄灭，则按点火按钮，将管路中的乙炔放掉）。

关闭空压机。

关闭所有被打开的窗口并退出＜SpectrAA＞软件。

关闭仪器电源和计算机。

关闭通风系统。

如必要，清空废液容器，按照相应手册拆卸、清洗并维护附件。

实验 31 ICP-AES 法测定高分子材料对 Cd(Ⅱ) 与 Pb(Ⅱ) 的吸附性能

在原子吸收光谱法测定高分子材料对 Cu(Ⅱ) 吸附性能实验中已经介绍，利用原子吸收光谱法可以测定水溶液中金属离子的浓度。近几十年以来发展起来的电感耦合等离子体发射光谱（ICP-AES）法同样可以用于测定水溶液中金属离子的浓度，与原子吸收光谱法相比，ICP-AES 法除了可以测定单一金属离子浓度，尤擅长同时测定溶液中多种金属离子的浓度。利用 ICP-AES 法可以简便、快捷地测定高分子材料对混合金属离子的吸附性能。本实验主要利用 ICP-AES 法测定高分子材料对混合金属离子的吸附性能。

一、实验目的

1. 了解电感耦合离子体光源的工作原理，初步掌握电感耦合等离子发射光谱仪的使用方法。
2. 学会用电感耦合等离子发射光谱法测定水溶液中金属离子浓度的方法。
3. 掌握高分子材料对混合金属离子吸附性能的测定方法。

二、实验原理

在原子吸收光谱法测定高分子材料对 Cu(Ⅱ) 吸附性能实验中已述及，通过测得吸附后金属离子的浓度可以求出高分子材料对金属离子的吸附量。电感耦合等离子体发射光谱（ICP-AES）法可以简便、快捷地同时测定同一溶液中的多种金属离子，ICP-AES 法非常适合于研究高分子材料对混合金属离子的吸附性能。

原子发射光谱法是根据处于激发态的待测元素的原子回到基态时发射的特征谱线对待测元素进行分析的方法。电感耦合等离子体光谱仪主要由高频发生器、ICP矩管、耦合线圈、进样系统、分光系统、检测系统及计算机控制、数据处理系统构成，其结构如图31-1所示。

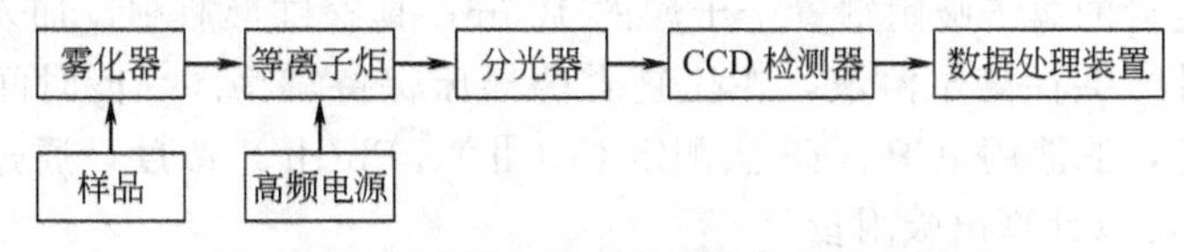

图31-1 电感耦合等离子光谱仪的结构框图

电感耦合等离子发射光谱仪是以场致电离的方法形成大体积的ICP火焰，其温度可达10000K，试样溶液通过雾化器以气溶胶态进入ICP火焰中，待测元素原子或离子即与等离子体中的高能电子、离子发生碰撞吸收能量处于激发态，激发态的原子或离子返回基态时发射出相应的原子谱线或离子谱线，通过对某元素原子谱线或离子谱线的测定，可以对元素进行定性或定量分析。各种元素因其原子结构不同，而具有不同的光谱。因此，每一种元素的原子激发后，只能辐射出特定波长的光谱线，它代表了元素的特征，这是发射光谱定性分析的依据。样品所发射出元素的特征光谱（轴向观测时由反射镜反射）经聚光透镜聚焦在光谱仪的入射狭缝上。当光进入光谱仪后，射到光栅上，衍射光按照分析波长经出射狭缝照射在光电倍增管的光敏阴极上。对应于每种被分析的物的光转换成电能，计算机把信号强度直接转变成浓度打印出来。

ICP光源具有ng/mL级的高检测能力；元素间干扰小；分析含量范围宽；高的精度和重现性等特点，在多元素同时分析上表现出极大的优越性，广泛应用于液体试样（包括经化学处理能转变成溶液的固体试样）中金属元素和部分非金属元素（约73种）的定量和定性分析。由于ICP光源无自吸现象，标准曲线的直线范围很宽，可达到几个数量级，因而，发光强度I与浓度C呈线性关系，即$I=AC$。当有显著的光谱背景时，标准曲线可以不通过原点，曲线方程为$I=AC+D$，D为直线的截距。可以用标准曲线法、标准加入法及内标法进行光谱定量分析。

本实验主要是用高分子离子交换树脂吸附水溶液中共存的Cd(Ⅱ)和Pb(Ⅱ)离子，利用ICP-AES法测定水溶液中Cd(Ⅱ)、Pb(Ⅱ)的浓度，进而计算高分子材料对Cd(Ⅱ)、Pb(Ⅱ)的吸附量，考察高分子离子交换树脂对Cd(Ⅱ)、Pb(Ⅱ)共存离子的吸附性能。

三、仪器和试剂

1. 仪器

日本岛津电感耦合等离子体发射光谱仪，型号ICPE-9000

往复振荡摇床	1台	电子天平	1台	真空干燥箱	1台
超声波清洗器	1台	锥形瓶	1台	布氏漏斗	1只
容量瓶（50mL）	15只	具塞锥形瓶（100mL）	5只	烧杯（100mL）	5只
容量瓶（100mL）	2只	容量瓶（500mL）	2只		

2. 试剂

硝酸镉	A. R.	硝酸铅	A. R.
硝酸	A. R.	氢氧化钠	A. R.
离子交换树脂	工业品	蒸馏水	自制

四、实验步骤

1. 静态吸附实验

准确称取一定量的离子吸附剂置于干燥的100mL具塞锥形瓶中，加入50mL一定浓度的Cd(Ⅱ)、Pb(Ⅱ)共存离子溶液，在往复震荡摇床保持震荡。一段时间后将吸附液用干燥的布氏漏斗抽滤，滤液用ICP-AES法测定Cd(Ⅱ)、Pb(Ⅱ)浓度，通过残余的Cd(Ⅱ)、Pb(Ⅱ)离子浓度可以计算出吸附量。

2. ICP-AES法测定Cd(Ⅱ)、Pb(Ⅱ)浓度

(1) 标准溶液的配制　吸取硝酸镉、硝酸铅标准使用溶液分别放入6个100mL容量瓶中，用蒸馏水定容、摇匀后，分别得到浓度为0μg/mL，0.25μg/mL，0.50μg/mL，1.50μg/mL，2.50μg/mL，5.00μg/mL Cd(Ⅱ)、Pb(Ⅱ)混标溶液。

(2) 样品预处理　取吸附后的滤液适量用蒸馏水稀释到标准曲线范围内的浓度，备用。

(3) 样品测定

① 按规范的操作程序启动电感耦合等离子体光谱仪，通过仪器工作站的软件，选择或设置待测元素的测定条件及参数，待仪器自检（漏气、光路及测定参数）就绪后，可以测定样品。

② 按次序分别吸入标准样和试样，测量其吸光度。在仪器工作站上，直接读出试样中的金属浓度值即可（可保存、打印标准曲线或标准方程）。

五、实验结果与处理

1. 利用仪器软件，将Cd(Ⅱ)、Pb(Ⅱ)的光强度对浓度进行线性回归，绘制标准曲线，得到残余Cd(Ⅱ)、Pb(Ⅱ)离子浓度。

2. 根据下式计算高分子离子交换树脂对Cd(Ⅱ)、Pb(Ⅱ)的吸附量（Q，mmol/g）：

$$Q=(c_0V-cV)/m \tag{31-1}$$

式中，c_0，c分别为初始、残余的金属离子浓度，mmol/L；m为离子交换树脂质量，mg；V为吸附液体积，mL。

六、常见问题及解决方法

1. 仪器点火前应特别注意等离子炬上方不能有遮盖物品，否则严禁点火。

2. 每月清洗一次透镜、雾化器、进样器吸管，平时发现沾污应及时清洗。

3. 在点火以前应先通上气观察雾化器的情况，当雾化器出气不畅时，应先处理，后点火。当样品分析过程中，雾化器被堵时，应先熄火，处理完后再点火分析。

4. 熄火超过2h，再次点火后，必须应进行仪器校正后再分析。如果出现波长校正点偏离中心线较大并等异常情况，则应重新校正并正常后再分析。

七、思考题

为什么ICP光源能够提高光谱分析的灵敏度和准确度？

八、参考文献

[1] 陈厚等. 高分子材料分析测试与研究方法. 2版. 北京：化学工业出版社，2018.

附：ICPE-9000型电感耦合等离子体光谱仪简明操作规程

1. 开机

(1) 依次打开稳压器电源开关、主机 [MAIN] 电源开关、排风扇电源开关、氩气钢瓶主阀门。观察氩气钢瓶余压不低于1MPa，并调减压阀出口压力应在0.45MPa。

(2) 打开冷却水装置电源开关。

(3) 更换清洗吸样管用的去离子水，确认吸管插入纯水中。

(4) 打开显示器、打印机及计算机主机开关，点击桌面 ICPE solution Launcher 图标，再点击画面中的 [分析 Analysis]，观察屏幕右侧出现 [Instrument Moniytor] 画面。

(5) 在仪器状态检查画面 [Instrument Moniytor]，确认各部为 [OK] 状态。

离子体点火：点击画面左侧 [分析 Analysis] 项，在出现的 [New Analysis] 画面点击相应的 [Qualall. iem 定性] 或 [Quanbase. iem 定量] 分析方法。然后点击画面左侧 [Plasma ON] 图标，随后仪器进行自动点等离子体点火，当等离子体点燃后，可以从仪器的安全门上的观察窗观察到等离子体所发出的光。

如果点火失败，则会在显示器上提示错误信息。一般情况下，如果第一次点不着，则会继续自动点二次。如果三次仍点不着，则点检相关各部及玻璃器皿状态。

点火完成信息出现后，点击 [确认] 按钮，如果始终不能点火成功，与相关维修工程师联系，处理后再进行点火。

(6) 点燃等离子体待 CCD 温度（−15℃）、真空度稳定后，点击画面左侧的 [仪器校正] 图标，进行波长校正（仪器校正）。

2. 仪器校正

确认纯水在样品吸管内流动后点击 [Start] 开始进行波长校正（仪器自动进行波长校正）。待校正结束后，确认正常后，点击 [OK] 按钮，再点击 [OK]，最后点击 [No] 进入分析画面。

3. 分析参数设置与调用

系统分析前准备工作完毕，根据分析方式可以进行样品分析。选择 [Method] 菜单中的 [Analysis] 登记分析元素与波长项，选择所要分析的元素与波长。点击 [Method] 菜单中的登记标准样品，选择标准样品的个数及登记相应浓度。选择 [Method] 菜单中的第一项，可以修改测定参数（包括样品测定方式等）。如果不想改变这些参数，可以点击 [OK] 按钮跳过。

4. 样品测定

样品吸样管放入相应样品内后，点击画面左侧 [Start] 按钮，进行测定。分析画面中，可以增加/删除分析的样品；登记样品称量值（使用称量校正时用）；设定样品在自动进样器样品台上的相应位置号码等。设定完了后点击 [Start] 按钮进入样品分析画面。设定测定重复次数等。点击 [Continuous] 复选框，分析开始从光标条所在位置开始连续分析；或同时点击 [Auto OFF] 复选框，分析完了后可以自动熄火（仅使用自动进样器时有效）。样品分析期间，点击下面的相应按钮可以查看工作曲线、轮廓、分析结果等。

5. 等离子体熄火

分析完了后，按以下程序熄火：

(1) 点击画面左下角的 [Plasma OFF] 按钮，在出现的熄火条件选择菜单中。

选择 [Plasma OFF+Vac. pump OFF] 项后，点击 [Start] 即可自动熄火并同时关闭真空泵电源；如果不同时关闭真空泵电源，点击 [Plasma OFF] 项后，点击 [Start] 仅自动熄火。

(2) 关闭氩气钢瓶总阀。

(3) 按与开机相反的顺序关闭各部分的电源开关。

第十六单元 胶黏剂性能测定

实验 32 胶黏剂黏度测定

胶黏剂是一类古老而又年轻的材料，早在数千年前，人类的祖先就已经开始使用胶黏剂。胶黏剂是用来黏合或连接各种物件或材料的一类物质，可用于黏合木材、纸张、玻璃、陶瓷、金属、塑料、橡胶等，在包装、印刷、制鞋、服装、电器、建筑、装饰、汽车、航空、家具、电子等方面都有广泛的应用。

一、实验目的

1. 通过使用旋转黏度计，掌握胶黏剂黏度的测定方法。
2. 通过使用黏度杯，掌握黏度杯测量黏度的方法。

二、实验原理

黏度是流体的内摩擦，是一层流体与另一层流体作相对运动的阻力，其单位为 Pa·s（帕·秒）或 mPa·s（毫帕·秒），过去则常用 P（泊）或 cP（厘泊），1P＝0.1Pa·s，1cP＝1mPa·s。黏度的代表符号为 η。

由于胶黏剂与密封剂中的大多数都属于非牛顿流体，即它中间含有物理与化学性质与黏料和溶剂大不相同的固体组分，如填料、催化剂等，所以它组成的流体不是牛顿流体，对这种非牛顿流体所测出的黏度为表观黏度。当我们测出没有添加填料与催化剂等固体组分的液体环氧树脂这一类型黏性流体的黏度则为真黏度，因为它属于牛顿流体。

黏度能提供黏性液体性质：分子量大小、组成与结构多种信息，是评定胶黏剂与密封剂本身及它的基体质量的一个重要指标。通过适用期和贮存期中胶黏剂与密封剂的黏度变化情况的测定，可以判断它的质量是否变化到不能使用，即它的变化将直接影响到胶接强度与耐压性能。同时，黏度还是一个工艺性能好坏的指标。通常黏度过大，造成涂布施工困难，黏度过小，不仅易流淌，而且为了达到所要要求的胶层厚度，还必须增加涂胶的次数，否则会造成缺胶，例如，对螺栓紧固性厌氧胶，黏度太小，充填间隙的能力差，易流淌，由于无法排除间隙的空气，致使厌氧胶无法固化；对渗透型厌氧胶，若黏度太大，则又无法渗透到螺纹或铸造制件的疏松、针孔等缺陷中起密封堵漏作用。另外，通过对胶黏剂在贮存中黏度的变化情况的测定，还可以判断它变质与否，因此说对胶黏剂的黏度性能测定是十分重要的。

旋转黏度计测量的黏度是动力黏度，它是基于表观黏度随剪切速率变化而呈可逆变化。动力黏度为流体内部显示抵抗稳定性流动的性能，又称绝对黏度，简称为黏度。在实验中，是剪切应力与剪切速率之比，当比值为常数时，表示测试的流体为牛顿流体，测出的黏度又称为绝对黏度或牛顿黏度，是真黏度；若比值随切变速率的变化而变化，则表示该流体为非牛顿流体，测出的黏度为非牛顿黏度，通常称为表观黏度，大多数胶黏剂与密封剂的黏度为表观黏度。通常用旋转黏度计来进行测试，单位为 Pa·s。测试原理是将已知恒速的转子浸入到被测的胶黏剂样品中所产生的阻力通过与转子的指针在一个刻度盘上表示出来，即圆盘上的刻度盘指针所指示出它的黏度或它黏度的倍数。

黏度杯（如图 32-1 所示）测量的黏度是条件黏度，它是以一定体积的胶黏剂在一定温度下从规定直径的孔中所流出的时间来表示的黏度。它设备简单、操作方便、测试数据周期短，是目前胶黏剂等工业部门应用较广的一种。

三、仪器和试样

1. 仪器

旋转黏度计	1 台	
恒温水浴	1 台	能保持（23±0.5）℃（也可按胶黏剂要求选用其他温度）
温度计	1 台	分度为 0.1℃
容器	2 只	直径为 6～7cm，高度不低于 11cm 的容器或旋转黏度计上附带的容器
黏度杯		1～4 号黏度杯的容量大于 50mL。规格和尺寸见图 32-1：小孔 d(mL)分别为：$d(1)=1.778\pm0.003$，$d(2)=2.54\pm0.003$，$d(3)=3.81\pm0.003$，$d(4)=6.35\pm0.003$
秒表	1 支	精度为 0.2s
量筒	1 个	50mL

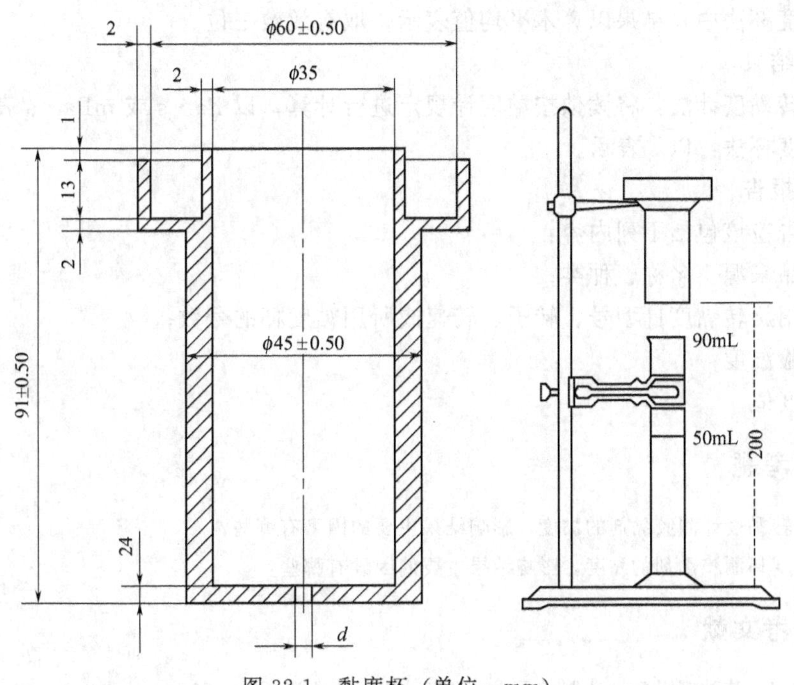

图 32-1　黏度杯（单位：mm）

2. 试样

试样应该均匀无气泡，试样量要能满足旋转黏度计和黏度杯测定需要。

四、实验步骤

1. 旋转黏度计法

(1) 同种试样应该选择适宜的相同转子和转速，使读数在刻度盘的20%～80%范围内。

(2) 将盛有试样的容器放入恒温浴中，使试样温度与实验温度平衡，并保持试样温度均匀。

(3) 将转子垂直浸入试样中心部位，并使液面达到转子液位标线（有保护架应装上）。

(4) 开动旋转黏度计，读取旋转时指针在圆盘上不变时的读数。

(5) 每个试样测定三次。

2. 黏度杯法

(1) 擦干净黏度杯，并在空气中干燥或用冷风吹干，对光观察黏度杯流出孔应该清洁。

(2) 将试样和黏度杯放在恒温室中恒温。

(3) 将黏度杯和50mL量筒垂直固定在支架上，流出孔距离量筒底面20cm，并在黏度杯流出孔下面放一只50mL量筒。

(4) 用手堵住流出孔，将试样倒满黏度杯。

(5) 松开手指，使试样流出。记录手指移开流出孔至接受的量筒中试样达到50mL时的时间。

(6) 再做一次测定，二次测定值之差不应大于平均值的5%。

3. 结果表示

(1) 旋转黏度计法中，取三次试样测试中最小一个读数值，取有效数三位。

(2) 黏度杯法中，结果以算术平均值表示，取有效数三位。

4. 测定结果

(1) 旋转黏度计法：将读数按黏度计规定进行计算，以 Pa·s 或 mPa·s 表示。

(2) 黏度杯法：以 s 表示。

5. 实验报告

实验报告应该包括下列内容：

(1) 样品来源、名称、种类；

(2) 所用旋转黏度计型号、转子、转速或所用黏度杯的号数；

(3) 实验温度；

(4) 黏度值。

五、思考题

1. 使用旋转黏度计测胶黏剂的黏度，影响结果主要的因素有哪些？
2. 使用黏度杯测胶黏剂的黏度，影响结果主要的因素有哪些？

六、参考文献

[1] 童忠良. 胶黏剂最新设计制备手册. 北京：化学工业出版社，2010.

[2] GB/T 2794—1995.

[3] 张向宇. 胶黏剂分析与测试技术. 北京：化学工业出版社，2004.

实验33 胶黏剂固化后剪切强度测定

剪切强度是指胶结件在单位面积上所能承受平行于胶接面的最大负荷，它是胶黏剂胶接强度的主要指标，是胶黏剂的力学性能的最基本的实验项目之一。按其胶结件的受力方式又分为拉伸剪切、压缩剪切、扭转剪切与弯曲剪切四种，其中以拉伸剪切应用最广。在拉伸剪切中，又分为单搭接、双搭接、单盖板搭接、双盖板搭接等几种接头形式。

一、实验目的

1. 通过对环氧胶剪切强度的测试，掌握环氧胶剪切强度的测试方法。
2. 了解其他胶黏剂剪切强度的测试方法。

二、实验原理

目前国内外的胶黏剂力学性能数据中，采用单搭接的拉伸剪切性能是最基本的力学性能数据，其试样如图 33-1 所示。除非另有注明，那么在性能数据中的剪切强度指标，通常都是采用拉伸剪切强度实验方法进行测试，也是国内外标准中常采用的胶黏剂力学性能测试方法。它结构简单，制备方便，只有一个胶接面，其缺点是由于试样的非对称性，在受力时会产生附加弯矩，但与大多数结构胶多用于航空航天的实际情况要求相适应。

本实验试样为单搭接结构。在试样的搭接面上施加纵向拉伸剪切力，测定试样能承受的最大负荷。搭接面上的平均剪应力为胶黏剂的金属搭接的拉伸剪切强度。

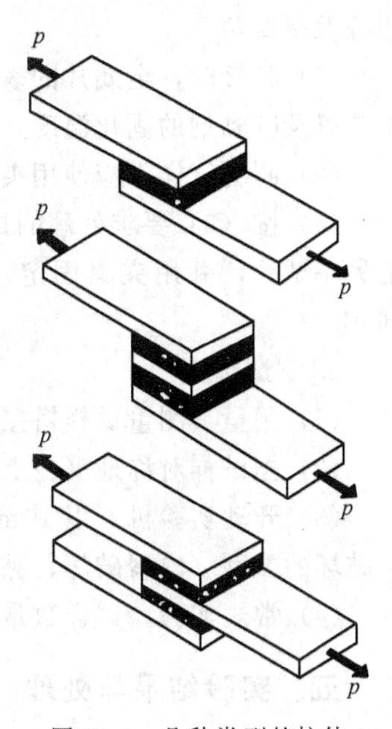

图 33-1　几种类型的拉伸剪切强度试样

影响拉伸剪切强度的因素有很多。试样的搭接长度不同，其测试结果就有明显的差异。搭接越长，剪切胶接强度越低。试片厚度对拉伸剪切强度也是有影响的，试片厚度增加，拉伸剪切强度提高。对于高强度结构胶黏剂，测试时如产生试片屈服或破坏的情况，则可适当增加试片的厚度或减少搭接长度。这两者中增加试片厚度较好。但实验结果均不能与标准试样的实验结果相比较。此外，加载速度对拉伸剪切强度是有影响的。加载速度降低时，载荷的作用时间增加，应力松弛的过程进行得较充分，而使强度下降。在环境温度范围内，胶黏剂的拉伸剪切强度一般来说都是随着环境温度的升高而下降的。测试时，环境温度控制在规定的范围内是十分必要的。

三、仪器和试剂

1. 仪器

拉力实验机　实验时应使试样的破坏负荷处在拉力实验机满负荷的 15%～85%之间，力值的示值误差不大于 1%。实验机应有一副能自动调心的试样夹具，使受力线与试样中心线保持一致，并保证夹具下夹头的移动速度在 (5±1)mm/min 范围内。

量具　其精度不低于 0.02mm。

夹具　固化专用夹具。

2. 试剂和试片

环氧胶

45号钢片　长100mm，宽25mm，厚2mm，搭接长度12.5mm。

四、实验步骤

1. 测试条件

(1) 试样制备后到实验的最短时间为16h，最长时间为一个月。

(2) 实验应在温度为(23±2)℃、相对湿度为45%~55%的环境中进行。

(3) 对仅有温度要求的测试，测试前试样在实验温度下停放时间应不少于半小时；对有温度、湿度要求的测试，测试前试样在实验环境下的停放时间一般不应少于16h。

2. 试样制备

(1) 胶接用的金属片表面应平整，不应有弯曲、翘曲、歪斜等变形。金属片应无毛刺，边缘保持直角。

(2) 胶接时，金属片的表面处理、胶黏剂的配比、涂胶量、涂胶次数、晾置时间等胶接工艺以及胶黏剂的固化温度、压力、时间等均按胶黏剂的使用要求进行。

(3) 制备试样都应使用夹具，以保证试样正确地搭接和精确地定位。

(4) 按(3)要求处理的试片放平，用取样管在黏接面上滴加约0.05mL试样，立即附上另一试片，并用夹具固定，在规定温度的实验条件下固化，达到规定时间后取出后冷却4h。

3. 测试步骤

(1) 用量具测量试样搭接面的长度和宽度，精确到0.05mm。

(2) 把试样对称地夹在上、下夹持器中，夹持处至搭接端的距离(50±1)mm。

(3) 开动实验机，以10mm/min的速度加载。记录试样剪切破坏的最大负荷，记录胶接破坏的类型(内聚破坏、黏附破坏、金属破坏)。

(4) 常规实验，试样数量应不少于五个。

五、实验结果与处理（有没有均可，可灵活掌握）

1. 对金属搭接的胶黏剂拉伸剪切强度按下式计算：

$$\tau = p/BL$$

式中　τ——胶黏剂拉伸剪切强度，MPa；

p——试样剪切破坏的最大负荷，N；

B——试样搭接面宽度，mm；

L——试样搭接面长度，mm。

2. 实验结果以剪切强度的算术平均值、最高值、最低值表示。取三位有效数字。

六、思考题

1. 试述试样的制备及测试方法。
2. 试述影响拉伸剪切强度的因素。

七、参考文献

[1]　金士九，金晟娟. 合成胶黏剂的性质和性能测试. 北京：科学出版社，1994.

[2]　张向宇. 胶黏剂分析与测试技术. 北京：化学工业出版社，2004.